CAN YOU CRACK
THE CODE?

A Fascinating History of Ciphers and Cryptography

解碼 科學

好好玩

艾拉‧施瓦茨——著　　莉莉‧威廉斯——繪
Ella Schwartz　　　　Lily Williams

竹蜻蜓——譯

獻給破解我心之密碼的

傑夫

目次

創客參與，動手學習，
激起孩子的好奇心與好勝心！

邱文盛｜稻香國小電腦老師

　　當我看到這本書的時候，很直覺的想到小時候在教室裡，與同學傳遞訊息紙條，後來被老師發現沒收，還當眾念出來的糗狀，進階到後來將訊息轉成圖像內容，以為老師就看不出來了，但其實心裡面還是有些許的擔心，有趣快樂的童年常常在這樣緊張害怕的刺激下度過。

　　當我們講到「密碼」或「解密」這些詞彙，你會想到什麼？

　　災難電影裡使用摩斯密碼來求救？

　　太空總署 NASA 解密了外星人傳來的訊息？

　　小時候與同學傳紙條害怕被發現？

　　電腦中毒，重要檔案全部被加密勒索？

　　電腦裡有祕密要加密，不想讓別人知道？

　　古代藏寶圖或字謎的刺激探險尋寶活動？

密室逃脫的解謎生存遊戲？

辨識敵友的敲門暗碼或是手電筒的閃光暗號？

暗藏在藝術品裡的故事？

監獄裡傳遞黑道訊息的報紙？

或是想到一堆數學模型和演算法？

人活在世上最有趣的就是可以擁有祕密，而最能引起大家興趣動機的，卻是去挖掘別人的祕密，所以，許多人喜歡看偵探電影和連續劇，像是影集《夏洛克 · 福爾摩斯》。太多生活中從沒注意的線索，動起腦筋將其神奇的連結起來，就能推敲出結論，在解密的瞬間獲得成就感，腦內就會分泌多巴胺讓你一整天都很快樂。

本書從基礎的密碼、編碼與解碼簡介、資料交換的方式，介紹到現在生活上常有的資安問題、保存祕密、設定密碼或生物辨識的方法，讓密碼學可以變得生活化，進而成為每個人應有的資訊科技素養，讓大家重視個資，與適當的防範木馬或駭客的攻擊，進而保護個人財產與生命的安全；從歷史上的小故事，和燒腦的解密練習，進階到生活化的素養，是一本非常適合進階了解密碼學的書籍。

身為一個資訊推廣人，除了在國小中低年級，常以不

插電文字壓縮編碼，或其他小遊戲進行教學，讓孩子對壓縮、資料的編碼、傳遞……等，有個粗淺認識之外，「資安」通常以實例探討，的確很難在學校裡進行有趣的教學，但是這本書卻可以深入淺出，讓大家對密碼學及資安有進階的認識之外，老師們還可以從這些歷史典故，與編碼、解碼的方式，設計出許多有趣刺激的教學活動。

因此，這本書不僅僅適合初、中階的讀者與一般大眾，閱讀後了解資安相關概念，提升自己對聯網設備內重要資料保密的敏感度，以及養成良好操作電腦習慣外，更適合教學現場的老師，以及遊戲帶領者，在設計教學活動、遊戲時作為很棒的參考指南，我真心推薦！期待大家將教學活動設計成尋寶遊戲、密室逃脫……等類型，激起孩子的好奇心與好勝心，利用快樂刺激的創客參與，動手學習，激起更多絢麗的火花！

訓練孩子大腦的運算，
讓數學思維變得更加敏捷

洪進益（小益老師）｜全國師鐸獎 / 星雲教育獎得主

　　「真相永遠只有一個！」你喜歡解謎嗎？

　　孩子最喜歡的偵探推理小說「怪盜亞森 · 羅蘋」系列、推理漫畫《名偵探柯南》、「屁屁偵探」系列，總是帶給孩子滿滿的驚奇。曲折的案件、神祕的線索，總是吸引著孩子，廢寢忘食，一定要跟著主角將犯人繩之以法，才肯罷休。

　　這類的素材十分有趣，也包含了很多數學的元素，其中密碼的加密和解碼，更是解謎遊戲中不可或缺的要素之一。尤其是密室逃脫遊戲，近年來受到很多人的喜歡，密室逃脫店更是如雨後春筍般的出現，深受學生的喜愛。

　　這代表大多的孩子，是喜歡動腦思考、享受解答的過程。對他來說，自己花了很多時間，終於破解密碼，找到答案，這樣的喜悅，是無可比擬的。

解碼科學好好玩

我們都知道，生活中常見的密碼，是用來保護電腦系統，不讓駭客有機會破解和入侵。不只如此，這樣的問題，更可延伸到加密科技和資訊安全的關聯。簡言之，密碼學其實是一門很高深的學問。

而《解碼科學好好玩》透過淺顯易懂的文字語言，介紹常見的密碼原理和有趣的密碼歷史，更讓孩子對密碼的發展和設計，有個更通盤的了解，帶領著孩子一步步進入密碼解碼的世界。與其說這是一本介紹密碼的書籍，我想這更是一本邏輯思維遊戲書，因為孩子在閱讀的同時，其實也不斷在「燒腦」解密中。

我特別喜歡密碼學，甚至把它結合在學校課程，包裝成各式各樣的實境解謎題目，利用密碼的設計機制，讓孩子從中學習；包含上數學推理課的時候，常常一題有趣的「數學密碼」，就足以讓大家玩上一節課了。每當看到孩子為了一個密碼題目，廢寢忘食，最後成功破解，大喊：「我終於想出來啦！」，這樣子的「恍然大悟」，相信孩子一輩子都不會忘記，這應該就是教育中最美的畫面吧！

新課綱強調要重視孩子的學習動機，希望能培養孩子

主動思考、解決問題的能力。這樣的解碼科學，不僅可以訓練孩子大腦的運算，也會讓孩子的數學思維變得更加敏捷，增進邏輯分析的能力。

喜歡解謎的孩子，一定不容錯過本書。

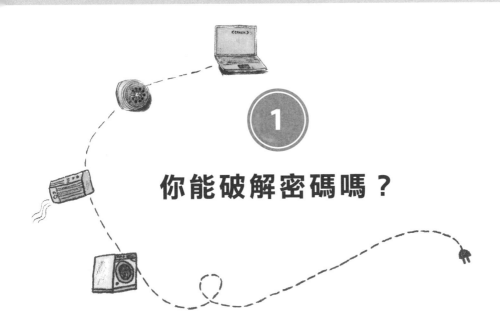

1

你能破解密碼嗎？

　　我們的身邊充滿了密碼。這些密碼是設計來保護祕密，或是讓你遠離那些你不該去的地方。有些密碼是用來保護電腦系統，以防駭客闖入，其他密碼則是用來避免祕密被偷窺。

　　你可以破解密碼嗎？

　　當我們談論到破解密碼時，真正的意思是什麼？破壞某個東西嗎？發現隱藏的訊息嗎？駭入某個你永遠不該看到的資料嗎？

　　以上皆是！

　　破解密碼指的就是揭露祕密。

祕密只要不落入他人之手，就只是個祕密。然而，從祕密暴露的那刻起，它就不再是祕密了，而只是個資訊，一個原本不應被揭露的資訊。人們不想揭露資訊的理由有百百種，可能會破壞驚喜、讓人感到尷尬，或也有可能非常危險。

　　不論擁有祕密的理由是什麼，大家的目標都是：將祕密藏好！

　　那麼，你能夠解密嗎？你可以揭開祕密的真相嗎？編碼者一定不希望你做到。他們為了保護祕密，已經吃了很多苦頭。

　　編碼者和解密者之間的戰鬥於焉展開。從遠古以前，編碼者一直很努力建立最強大的密碼來保護他們最重要的祕密，但解密者持續尋找更強而有力的方法來破解這些密碼。當編碼者設計的密碼愈來愈複雜，解密者的技術也愈來愈高竿。

　　這本書將會告訴你所有有關密碼學、加密、駭客攻擊與網路安全的知識。全部都很

酷，而且不只如此！這本書不光是你眼前所見的那樣。它不僅是一本書，還是一個等待你破解的大祕密。仔細閱讀，只有最聰明的解密者才會發現書中所有用來破解密碼和揭露祕密的線索。

　　你想解密嗎？

　　那就開始吧。

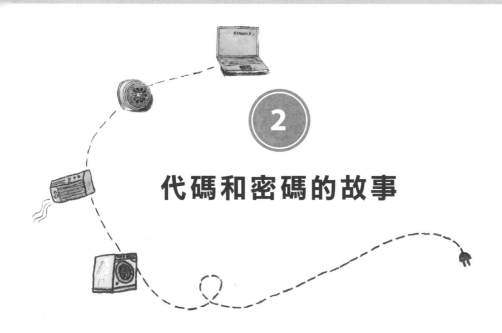

2

代碼和密碼的故事

▋保護機密

機密很重要。

保護機密同樣重要。

為了保護機密,有些人的方法是假裝沒有機密。如果大家不懷疑你有機密,就不會去窺探。這是古時候操作**「隱寫術」**(steganography)背後的概念,是利用隱藏訊息溝通的形式。這個詞的英文來自於希臘文,「steganos」代表覆蓋,「graphein」代表撰寫,覆蓋撰寫,換句話說就是隱藏機密。

從很久以前就一直有人使用隱寫術。在古代的中國,

人們想要傳遞機密訊息時，會將訊息寫在絲綢上，將絲綢揉成扎實的球，再用蠟將球包裹起來。傳送訊息的人接著會吞下這個蠟球。為了傳遞訊息，你可以想像傳訊的人接下來得做什麼了……嗯……。

古希臘也有人使用隱寫術來隱藏訊息。其中一種技巧，是剃掉傳訊者的頭髮後，在他的頭皮刺青，刺下訊息，等頭髮長回來，再送傳訊者到目的地。很顯然這個訊息不是緊急事件。

時至今日，世界各地的特務依然會使用隱寫術。他們會用什麼工具呢？那就是隱形墨水。特務會使用一種特殊的墨水撰寫訊息，等墨水乾了之後，就看不見字了。收件者為了讓隱形文字浮現，必須加熱墨水，訊息才會再次出現。

特務也會把訊息藏在乍看很無

聊的句子裡。如果收件者知道該尋找什麼，機密就會浮現出來。看看下面這個句子：

Cole rises and cooks kale. Then he eats. Cole only drinks espresso.

（柯爾起床煮甘藍。然後吃飯。柯爾只喝濃縮咖啡。）

夠簡單吧？沒有什麼詭異的內容吧？

不過，如果這則訊息的收件者知道該找什麼，就會從中發現潛藏的機密訊息。觀察句中每個單字的第一個字母：

Cole rises and cooks kale. Then he eats. Cole only drinks espresso.

現在將這些字母放在一起，組成一則機密訊息：

Crack the code

（破解密碼）

將訊息用這樣一目了然的方式隱藏起來，並不是隱寫術唯一的方法。看看下面這個字母方塊：

```
CAESAR2LIKEHOPBABY59HIC
MEET4LOVEJUNGLE43APPLE7
SEVEN7FORESTANDCAR67BAT
SEND7OVER6ATMEFOR89540O
CREDIT4MATH7APRIL30HOME
LIBRARYAUGUST19ATWISH4Y
REMEMBER9TO7THINK5IN8ON
THE5ALLEYMARCH4EASY1974
```

看第一眼時，這些東西像是隨機排列的字母和數字串，但如果你仔細觀察，就會注意到一些單字，例如JUNGLE、LIBRARY、HOME、MATH、MARCH 等等。裡面藏有機密訊息嗎？保證一定有！但是該怎麼破解訊息呢？為此，你需要一個特殊的解碼器。

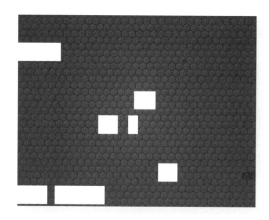

將解碼器放在這則訊息上，你就會得到：

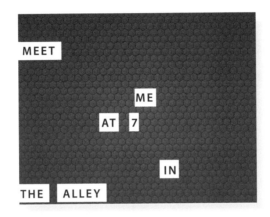

現在看出來了嗎？

Meet me at 7 in the alley.

（七點巷子見。）

如今，隱寫術不再單指隱藏寫下的訊息，這個詞也用來描述隱藏數位資訊，通常包含電腦資料夾、數位圖片或數位音樂等。

對保護機密來說，隱藏機密是很好的第一步，但隱寫術有個大問題。如果有人攔截機密，重要的訊息就洩漏出去了。

如果機密訊息非常重要，你可能不只是想隱藏「訊息」本身，也會想隱藏訊息傳遞的「意義」。

　　這時就輪到好用的代碼出場了。

　　「**代碼**」（code）就是用一個不同的字來取代另一個字或片語，讓被取代的字保持機密。舉例來說，特務可能會使用代稱來取代真實的名字，避免有人猜出他們的真實身分。藍探員可能其實是堪薩斯州托皮卡的職員約翰・史密斯的代稱。史密斯應該不想讓敵人知道自己的真實身分，並在他享受晚餐時來敲門，所以取了一個代稱，不僅好用，聽起來也很酷。

　　同樣的，在美式足球中，四分衛也會使用特殊代號來告訴隊員接下來的戰術。在這個情況下，四分衛會喊出隊員們在比賽前記下的代號，來指示下一個隊形，例如藍23、藍29……。

　　為了要記下眾多代碼，你需要一本「**碼簿**」（codebook），碼簿就像是代碼的字典。碼簿中列了所有代碼文字和代碼的意義。舉例來說，碼簿的條目可能會長這樣：

John Smith ＝ Agent Blue

（約翰·史密斯＝藍探員）

　　千萬別弄丟碼簿！如果碼簿被人撿到，所有機密都將公諸於世，然後你就得製作新的代碼，那可是個大工程。

美國總統代號

　　美國總統每天二十四小時都受到特勤局保護。特勤局是負責總統及其家人維安工作的菁英單位。

　　很久以前，為了保護第一家庭的安全，特勤局會為總統和每位家族成員取代號。當特勤人員討論總統一家的所在地或行程時，只有那些應該知道資訊的人能理解內容。這樣一來，如果有人偷聽特勤人員的對話，也無法得知總統的確切資訊。如今，總統代碼已經不再是機密，取代號多半是依循傳統，而且代號往往比總統實際的全名更好記。

　　下面列出一些超酷的總統代號：

　　歐巴馬──叛徒（Renegade）

柯林頓——老鷹（Eagle）

小布希——開拓者（Trailblazer）

老布希——灰狼（Timberwolf）

詹森——志願者（Volunteer）

甘迺迪——長矛騎兵（Lancer）

雷根——皮鞭（Rawhide）

卡特——鎖定大師（Lock Master）

▋密碼：日常以外的代碼

　　「**密碼**」（cipher）是一種特殊的代碼。有些人將「密碼」和「代碼」混為一談，但真正的編碼者和解密者明白其中的差異。密碼不需要使用碼簿來解開機密訊息，而是需要使用數學。你說什麼？你從來不知道數學可以用來做這些鬼祟的事？事實上，工程學中有一整個分支叫作「**密碼學**」（cryptography），就是完全仰賴數學來保護訊息的學問。數學愈複雜，加密就愈難破解。

　　為了幫助大家理解訊息是如何轉變成密碼的，讓我們來看看愛麗絲和鮑伯的故事。

愛麗絲和鮑伯是最好的朋友。就像其他摯友一樣，他們喜歡分享祕密。但有一位很愛偷聽的同學，我們稱她為伊芙。

　　愛麗絲想告訴鮑伯一個重要的祕密。但他們想確定伊芙——也就是竊聽者——不會發現這個祕密。為了幫助大家理解這個祕密交換背後的概念，我們可以想像成愛麗絲寫下祕密，放進一個盒子裡，再用只有愛麗絲和鮑伯知道的組合將箱子鎖起來。這個過程可稱為「**加密**」（encryption）。當鮑伯收到上鎖的箱子，他會用組合打開箱子。這個過程稱為「**解密**」（decryption）。

　　愛麗絲不是使用真正的鎖，但她決定用密碼來「鎖住」訊息。這樣一來，即使伊芙取得了祕密，仍永遠無法理解內容。愛麗絲為鮑伯創造密碼的過程叫作「加密」。而鮑伯用來理解密碼的過程是「解密」。

代碼和密碼的故事

25

在密碼學的世界裡，愛麗絲和鮑伯是不容質疑的超級英雄，從邪惡駭客手中拯救了數位世界。多年來，愛麗絲和鮑伯一起進行了許多冒險。他們運用罕見的超能力——加密，躲避偷窺者並拯救數位世界無數次。

不過，愛麗絲和鮑伯究竟是誰呢？以及所有機密代碼又在說些什麼呢？

愛麗絲和鮑伯不只是這本書中的角色。任何有關密碼學的討論通常都會使用這兩個角色來舉例。他們是密碼學世界裡的正牌主角。

為什麼？因為方便。

密碼學有時候有點難解釋。舉例來說：

政黨 A 傳送一則加密訊息給政黨 B，使用的代換密鑰為 +5。

有點令人困惑，不是嗎？A、B、5，變數實在很多！

工程師知道他們需要用更簡單的方式來解釋密碼學的概念，所以他們用愛麗絲取代 A，用鮑伯取代 B：

愛麗絲使用代換密碼加密一則訊息，並傳送給鮑伯。

　　是不是容易理解多了呢？

　　愛麗絲（Alice）和鮑伯（Bob）這兩個名字之所以中選，是因為他們的英文開頭是 A 和 B。隨著時間過去，為了幫助密碼學故事的延伸，其他角色也加入了。卡蘿（Carol）或查理（Charlie）代表 C，通常指的是加密對話中第三位參與者。大衛（David）和丹（Dan）是第四位參與者，代表 D。

　　那 E 呢？

　　E 一直是故事中的反派角色，也就是八卦、愛偷聽的伊芙（Eve）。

代碼和密碼的故事

27

▍凱撒大帝

現在所知最早的密碼
之一，是由兩千多年前的羅
馬皇帝尤利烏斯・凱撒所發
明。據信他當時使用密碼來
保護傳給軍隊的訊息。對凱
撒大帝來說，保護訊息不讓
敵軍知道是非常重要的，因
為一旦有任何訊息被敵軍攔
截，就可能摧毀他所有的軍
事計畫。機密通訊對凱撒來

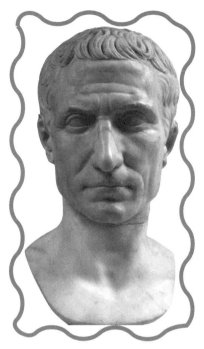

凱撒大帝半身像。

說非常重要，或許這也是他會如此成功的原因之一。

　　凱撒大帝發明的密碼有時被稱為「**凱撒加密法**」
（Caesar cipher），有時也稱為「**代換密碼**」（substitution
cipher），因為凱撒是透過將訊息中的所有字母，用其他字
母「代換」，來創造出密碼。不過凱撒並不是隨機代換字
母，這會讓接收者沒辦法解密。凱撒有自己的代換系統。
他會先預選一個數字，作為按照字母表順序往後移動的位
置數，最後這個位置的字母就是他所代換的字母。這叫作

「**移位密鑰**」（shift key）。舉例來說，當移位密鑰設定為 +3，訊息中的每個字母就要往後順延三個位置。意思是訊息中的每個字母 A 都會由順延三個位置的 D 取代。

假如凱撒的敵軍取得了密文，那些文字會看起來像亂碼。他們不會知道自己手上握有的是軍事機密。

兩千年前，凱撒大帝就已經知道自己在政治上的成功關鍵就是保護機密。兩千年來，這件事並沒有太大改變。如今，世界各地的政府和軍隊都知道保護機密有多麼重要。

凱撒大帝帶領羅馬帝國崛起，是歷史上最成功的將軍之一，而密碼在這之中，扮演了舉足輕重的角色。

豬皮[1] 戰術手冊

對職業美式足球員來説，寫有隊伍祕密暗號的極機密碼簿是很神聖的。這本機密碼簿的厚度可達數百頁，就某方面而言，它甚至比球員的頭盔或隊服還重要。因為碼簿一旦遺失，敵隊就會知道隊伍所有戰術

---

1. 美式足球早期是用豬的膀胱製成，所以別稱是「豬皮」。

暗號。有些職業球員太過擔心會弄丟碼簿，睡覺時還會把簿子壓在枕頭下！甚至會把碼簿帶進浴室裡，以防萬一。

在國家美式足球聯盟中，遺失碼簿的懲罰非常重，球員可被判處高達一萬美元的罰金！比沉重罰款更糟的是，他還會遭受教練和隊友嚴厲的指責。

如今，有些美式足球隊利用新科技，將碼簿儲存在 iPad 裡，取代了沉重的手冊。萬一 iPad 遺失或被偷，裡面的碼簿檔案仍有密碼保護著。

解密挑戰

假裝你是凱撒大帝軍隊一員，在戰場上剛剛接獲這則加密訊息：

L fdph, L vdz, L frqtxhuhg!

你可以選擇要不要解開訊息。你打算怎麼做呢？

你必須知道的第一個東西是密鑰。沒有密鑰，就難以破解訊息。幸運的是，在你出征前，凱撒大帝曾告訴你解密的密鑰是 +3。現在你握有解開訊息的所有資訊了。

移位密鑰為 +3，原本的每個字母按字母順序往後移三個位置，就能變成密碼，因此：

A → D

B → E

C → F

D → G

以此類推……

原始訊息的字母稱為「**明文**」（plaintext）。加密訊息

中的字母稱為「**密文字母**」（cipher letters）。以下表格是明文字母以移位密鑰 +3 對應的密文字母：

明文	A B C D E F G H I J K L M N O P Q R S T U V W X Y Z
密文	D E F G H I J K L M N O P Q R S T U V W X Y Z A B C

　　一起來解開密碼吧。密文中第一個字母是 L，對應的明文字母是 I。

　　按照一樣的方法繼續解讀。第二個密文字母是 F，往回推三個位置，對應的明文字母是 C。

　　持續用相同方法對應所有密文字母，最後會得到解密後的訊息：

I came, I saw, I conquered! [2]

（我來，我見，我征服！）

太棒了！凱撒大帝，謝謝你的鼓舞！

2. 凱撒大帝的名言，原為拉丁文「VENI VIDI VICI」。此為凱撒大帝在一次戰役中傳回的捷報，展現了他的野性、自信與勝利。

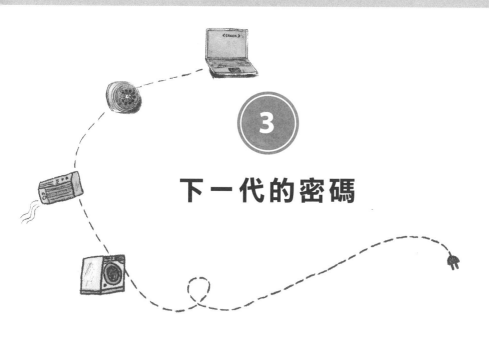

3

下一代的密碼

▌凱撒加密法：並不如傳聞一樣完美

當凱撒大帝加密軍隊的機密訊息時，或許認為自己很聰明，不過事實上，這些訊息並沒有那麼難破解。假設一支敵軍攔截了「L fdph, L vdz, L frqtxhuhg!」，他們一開始會覺得這個訊息只是亂碼。但只要有些破解密碼的聰明才智，或許不用花太多時間就能解開，得到「I came, I saw, I conquered!」這則訊息。

凱撒代換法的問題是，一旦敵軍理解了字母移位的概念，即使不知道所使用的移位密鑰是什麼，還是能輕易用「**暴力破解**」（brute force）來解出密碼。暴力破解是解

密者所說的「試誤法」。用暴力破解來解開加密訊息，是指解密者嘗試所有可能的組合，直到找到合理的線索。

面對凱撒移位法，解密者只要找出移位密鑰，就能輕鬆解開訊息。英文有二十六個字母，因此移位密鑰會落在 1 到 25 之間。解密者只要從移位密鑰 1 開始逐一測試，直到代換出可理解的訊息即可。只要有足夠的耐心，嘗試二十五個移位密鑰並不會花解密者太多時間。

因此，即使凱撒大帝因凱撒移位法達到了某些成就，但是，加密策略仍不足以確保他的機密不被破解。當他的敵軍開始察覺（而且凱撒大帝有很多敵人），凱撒大帝的通訊內容就很可能落入敵軍手中。在戰爭時期，一則加密強度很弱的訊息若遭到攔截，就可能意味著戰敗。

凱撒大帝不是唯一一位了解低強度密碼所帶來的後果的領導人。

> **密碼小趣事**
>
> 為什麼維京人不寄電子郵件？
> 因為他們更喜歡用「挪斯密碼」
> （Norse code）[3]。

---

3. 維京人住在北歐，Norse（北歐）與摩斯密碼（Morse code）相對應。

　　薩穆爾・摩斯於一八三〇年代發明了摩斯密碼，為長距離通訊帶來了變革。不同於大部分的密碼是設計來隱藏訊息，摩斯密碼是一種傳送訊息的方式。

　　摩斯密碼是用點和線的不同組合，來表示每個英文字母以及數字 0 到 9。「點」是透過電線以短嗶聲發送，「線」是用長嗶聲來發送。電線另一頭的操作員會將點和線記錄在紙上，然後就可以將訊息翻譯成英文。

　　摩斯密碼轉變了通訊方式，讓某個國家發生的事能立刻在另一個國家被報導。摩斯密碼也改變了戰爭的本質，讓距離遙遠的軍隊能互相進行即時通訊。

　　摩斯密碼最知名的應用是全球通用的求救訊號：三個點、三條線，

薩穆爾・摩斯

再接三個點（…—…）。三個點指的是字母 S，三條線是指字母 O，這個求救訊號就是 SOS。有些人誤以為 SOS 指的是「救救我們的船」（save our ship）。不過，構成 SOS 的這串點和線的組合之所以被選擇，主要是為了方便，並沒有任何技術上的意義。

▌表姑與表姪女的戰爭

十六世紀，英國女王伊莉莎白一世與蘇格蘭女王瑪麗一世是表親，但不幸的是，她們處得並不好。伊莉莎白是統治英國的女王，但她深信瑪麗會威脅到她的皇位。瑪麗有很多支持者，他們並不認可伊莉莎白的女王地位，並想方設法要讓瑪麗取而代之。伊莉莎白女王不太喜歡這些紛爭，於是她做了她認為最能確保女王地位的事：下令逮捕瑪麗。

接下來的十九年，瑪麗都被軟禁。這段時間裡，她在不同的城堡之間搬來搬去。有僕人照顧她、為她煮飯和清理房間。你可能覺得這對瑪麗來說也不是太糟的事，但她一直被監視著。她不准見任何訪客，每一封瑪麗寄出或收

到的信都會被伊莉莎白信任的守衛攔截並閱讀。守衛會將瑪麗的一舉一動全部稟報給伊莉莎白。隨著時光流逝，伊莉莎白對瑪麗的疑心愈來愈重，瑪麗的生活條件愈來愈差。她開始感到絕望。

與此同時，瑪麗的支持者愈來愈多。但就好像伊莉莎白還不夠恨她的表姪女一樣，伊莉莎白最忠誠的參謀們催促她除掉瑪麗，好一勞永逸。他們希望伊莉莎白下令處決瑪麗。但伊莉莎白沒有立刻發布處死令。畢竟瑪麗是她的表姪女，她可不想隨隨便便就判家人死刑。

還記得瑪麗的支持者嗎？嗯，其中有些人開始密謀殺死伊莉莎白女王。若是除掉了伊莉莎白，瑪麗最終就能登上寶座，成為新女王。

瑪麗的支持者策劃了一場

下一代的密碼

邪惡的計畫，打算謀殺伊莉莎白女王。他們必須跟瑪麗分享這個計畫，但問題是瑪麗的一舉一動都受到伊莉莎白的守衛監控。後來密謀者找到了可以與瑪麗祕密溝通的方法。他們建立了一個密鑰，並藏在啤酒桶裡偷傳給瑪麗。守衛不知道有人傳了機密訊息給瑪麗，於是瑪麗和她的支持者得以透過密鑰往返交換加密訊息。而且由於藏在啤酒桶的密碼十分隱密，他們便用這個方式持續傳遞訊息。瑪麗和她的支持者找到了抵禦守衛的方法。

或者說，瑪麗和支持者以為躲過了守衛的監控。

最終，瑪麗被逮捕，並以叛國罪名接受審判。但即使如此，伊莉莎白還是不確定自己想不想判瑪麗死刑。畢竟那是她的表姪女啊！要殺害自己的血親，伊莉莎白必須非常謹慎。在下令殺死瑪麗前，得完全確定瑪麗的罪行。伊莉莎白需要非常確切的證據。

記得那些偷偷傳給瑪麗的機密訊息

嗎？這些訊息最終被伊莉莎白的首席間諜專家法蘭西斯・沃辛漢爵士攔截。當然，這些訊息經過加密，所以伊莉莎白女王應該無法理解內容，對吧？如果這些密碼的強度夠強，瑪麗就有機會逃過一劫。瑪麗的性命就取決於密碼學。

　　但是瑪麗將信任賭在一個強度不高的密碼上。間諜專家沃辛漢的手下中有非常聰明的密碼學家，要破解敵人的機密訊息實在太容易了。

而且不只如此，沃辛漢對伊莉莎白女王十分忠心，他想要確保完全消除瑪麗的威脅，於是在將機密訊息轉交給伊莉莎白之前，在瑪麗的某一封信最後加了一段附註。這段附註偽造了瑪麗的筆跡，並使用相同的密鑰，看起來就像是瑪麗寫的。

　　根據這封信，瑪麗核准了暗殺表姑——伊莉莎白女王——的行動。根據這個偽造的附註，瑪麗不只知道暗殺計畫，還批准了這個行動。

　　真是不幸的消息。

　　於是瑪麗被定罪並判處死刑。

古典文學中的密碼

　　密碼學和密碼帶有的神祕與機密之處，造就了迷人的故事。毫無疑問的，密碼學是古典文學中很受歡迎的主題。

　　在儒勒・凡爾納的《地心歷險記》中，裡面的角色必須解開神祕羊皮紙上的密碼才能啟程。

柯南‧道爾也曾以密碼學為主題。事實上，他最知名的角色夏洛克‧福爾摩斯就是個密碼學專家。福爾摩斯最令人印象深刻的案子之一「跳舞小人」，就是要解開由跳舞小人圖案組成的密碼。

另一位對密碼學很感興趣的古典文學作家是愛倫‧坡。據信愛倫‧坡是在美軍生涯中，燃起對密碼學的迷戀，因為密碼學與密碼是軍旅日常的一部分。他的小說〈金甲蟲〉，正是圍繞著一個內含埋藏寶藏訊息的密碼。

密鑰、關鍵字，或更上一層樓

當解密者愈來愈擅長解開像凱撒代換密碼這種簡單的密碼，編碼者就知道他們必須強化訊息加密的能力，於是便發明更多先進的加密流程來阻止解密者。其中一個加密策略叫作「**關鍵字密碼**」（keyword cipher）。不同於凱撒代換法是使用移位密鑰，關鍵字密碼是使用特定的單字作為密鑰。

來看一個假設案例。凱撒大帝必須確保他的軍隊在離

開羅馬後，能與他祕密聯繫。在他的將軍出征前，他告訴他們在戰場上將用什麼關鍵字來解密。在這個例子中，這個關鍵字是 CAESAR（凱撒），毫不令人意外，因為大家都知道凱撒大帝很自我中心。但這個字要怎麼用來加密訊息呢？

首先，照順序寫下所有英文字母。接著在這排字母下面寫下關鍵字，並消掉重複出現的字母：

A	B	C	D	E	F	G	H	I	J	K	L	M	N	O	P	Q	R	S	T	U	V	W	X	Y	Z
C	A	E	S	R																					

這裡的「Caesar」並沒有拼錯。因為關鍵字裡的 A 已經出現過，所以就不再重複。

接著將剩下的字母照順序填寫，並跳過已經出現在關鍵字中的字母：

A	B	C	D	E	F	G	H	I	J	K	L	M	N	O	P	Q	R	S	T	U	V	W	X	Y	Z
C	A	E	S	R	B	D	F	G	H	I	J	K	L	M	N	O	P	Q	T	U	V	W	X	Y	Z

依照 CAESAR 這個關鍵字，所有 A 都變成了 C，所有 B 都變成了 A，所有 C 都變成 E，以此類推。因此，

凱撒傳給將軍們的訊息看起來會是這樣：

Cttcei ct scwl!

當將軍接收到訊息，他們可以利用關鍵字轉譯密碼，變成：

Attack at dawn!

（在破曉時出擊！）

如此，你可以看到編碼者如何使用關鍵字密碼，來更聰明的加密訊息。如果沒有關鍵字，敵人會更難破解機密訊息，不過也並非不可能。

現在，想像一下這個加密策略：不只使用簡單的凱撒移位密鑰或關鍵字，而是使用外加的干擾器來混合更多字母。將兩個或更多關鍵字組合在一起，這個策略如何

下一代的密碼

43

呢？如果訊息中的字母不只是由其他字母取代，有些是由數字或符號取代呢？你會發現這些方式都能讓解密變得更加困難。而這就是絕大多數編碼者的首要目標：讓解密者難以解密。

解密挑戰

|||||||||||||||||||||||||||||||||||||||||||||||||||||||||||||||||||||||||||||||||||

　　有些密碼是用字母代換其他字母，例如凱撒移位和關鍵字密碼都是很好的例子。但還有另一類型的密碼，叫作「**波利比奧斯密碼**」（Polybius cipher），是用數字取代字母。

　　一起來看看它的原理。

　　波利比奧斯方陣是一個 5 × 5 的表格，每一格填了一個字母。表格看起來如下：

	1	2	3	4	5
1	A	B	C	D	E
2	F	G	H	I/J	K
3	L	M	N	O	P
4	Q	R	S	T	U
5	V	W	X	Y	Z

（沒錯，I 和 J 寫在同一格，這是沒問題的，真的。）

加密訊息的方法是將字母用對應的橫列數字和直行數字取代。舉例來說，將字母 C 加密，要先找到它在表格中的位置。接著辨識橫列的數字和直行的數字，因此 C 可以用數字 13 來取代。用波利比奧斯方陣加密「CAT」（貓）這個單字，得到的密碼會是：131144。

簡單吧？

想試試解密嗎？來個謎語如何？

What goes up but never comes down?

（什麼東西總是上升，從不下降？）

試試想個幾分鐘吧。

卡住了嗎？你必須利用波利比奧斯方陣解開下列密碼，才能得到答案。

54344542 112215

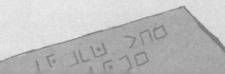

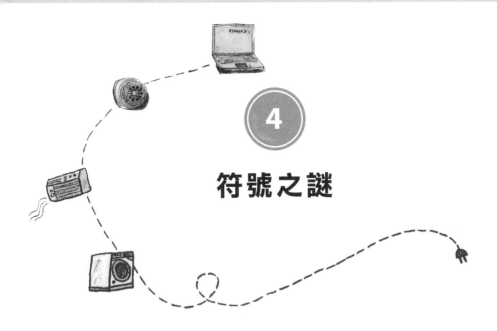

符號之謎

4

▌小豬哼哼叫

創造密碼通常是用其他字母或數字替換掉訊息原本的字母，使訊息完全無法被不該知道的人讀取。

不過，密碼學指的是所有與隱藏機密有關的事，而世界上有很多可以用來保密的方法。

除了用其他字母代換原本的字母，另一種策略是用符號來加密訊息。其中，「**豬圈密碼**」（pigpen cipher）就是很常見的技術之一。之所以叫作豬圈密碼，是因為符號的框框看起來像豬圈，而框裡的點像豬圈裡的豬。你必須發揮一點想像力，才能看見豬和豬圈，以下就是

豬圈密碼的例子：

□□∟┌˂˙┐˃

因為這個密碼不是用字母，而是用符號表示，如果有
人攔截了上面的訊息，可能根本不會知道其中藏了機密，
只會認為自己得到的僅是亂七八糟的塗鴉。

為了破解豬圈密碼，我們可以用下列表格找出每個字
母加密代換時對應的符號。

每個字母是由包圍它的「局部豬圈」來表示。仔細觀察上表中的每個字母，每個字母周圍的線，以及線框住的點，就是代表它的符號。

因此，A 看起來像這樣：┘

B 看起來像這樣：⊔

M 看起來像這樣：⊐

以及 Y 看起來像這樣：<

試著利用豬圈表格來解開豬圈密碼吧！

第一個字母是由符號└表示，對應到表格中的字母 C。繼續利用同樣的方法，可知第二個符號是┌，對應的是字母 R。假如你繼續破譯這個訊息，上面的符號會翻譯成：

crack the code

（解開密碼）

▋神祕的兄弟會

　　很多團體使用豬圈密碼進行祕密通訊，其中最有名的大概是歷史上最古老也最神祕的團體「共濟會」了吧。這也是豬圈密碼有時也稱為「共濟會密碼」的原因。

　　共濟會圍繞著許多神話和傳說。在一元美金鈔票的背面有個未完成的金字塔，頂端上有一隻「全知之眼」，許多人確信那就是共濟會的象徵。眾所周知，美國最早的兩位總統──華盛頓和門羅都是共濟會的成員。富蘭克林、漢考克和李維也都被認為是共濟會的成員。

　　共濟會成員有自己神祕的禮儀和習俗。他們有神祕的密碼、握手方式及代碼。因此不令人意外的，共濟會

李森的基碑上刻著共濟會的符號。

成員需要一種加密訊息的方法，來確保重要事項不被窺探。為此，他們選擇了豬圈密碼。據聞，共濟會至少從十八世紀就在使用豬圈密碼了。

如今，在美國紐約市商業區附近的三一教堂有個豬圈密碼的有趣案例。教堂包含了墓園，墓園裡有個墓碑，是屬於一位在一七九四年九月二十八日過世的人，名叫詹姆士·李森。

李森先生生前並不為人所知，死後的他卻變得有名，因為他的墓碑上裝飾著有翅膀的沙漏、有火焰的甕及一個羅盤，這些圖像全都是共濟會的重要概念。

但還不只如此！

沿著墓碑頂部，有一系列正方形的標記。聰明的解密者知道，這些標記就是豬圈密碼，解密後得到的訊息是：「記住死亡。」（Remember Death.）。

寫一首謎之樂曲

豬圈密碼只是用符號加密的一個例子。你能破解下面這串訊息在說什麼嗎？

別太為難自己了。即使是世界最強的解密者也解不出來。

上面的密碼是由著名作曲家愛德華・艾爾加於一八九七年創造的。你不一定聽過艾爾加的名字，但若你參加過畢業典禮，就應該聽過他的音樂。他是〈威風凜凜進行曲〉[4]的作曲家，幾乎美國的所有學校，都會在畢業典禮上播放這首樂曲。

艾爾加不只是一位天才作曲家，他對代碼和密碼也有濃厚的興趣。有一天，艾爾加寫下了神祕的密碼，送給朋友朵拉・珮妮小姐。他稱這位年輕朋友為朵拉貝拉，因此這個密碼通常稱為「朵拉貝拉密碼」（Dorabella cipher）[5]。

---

4. 卡通《我們這一家》的片尾曲也是改編自〈威風凜凜進行曲〉。
5. 據說艾爾加的〈謎語變奏曲〉變奏十，就是寫給朵拉的謎語。

朵拉貝拉密碼困擾了解密者超過一百年。就我們所知，這套密碼包含了八十七個符號，其中有二十四個符號是獨一無二的。這八十七個符號不平均的排成三行，所有符號看起來都像是輪廓不同的半圓形，但如果你看得非常仔細，就會發現其中大多數看起來是傾斜成不同角度的草寫 E。許多人推測這代表艾爾加的名字縮寫「E. E.」。

　　我們對朵拉貝拉密碼所知甚少，從來沒有人能成功破解這則訊息。許多人認為這個密碼可能不是一則訊息，而是音符。考量到艾爾加是個著名的作曲家，這確實很有可能。有些人不認同這個觀點，反而強烈認為這些符號代表一種代換密碼，每個符號對應著一個英文字母。這也有可能，而且這正是「**密碼分析師**」（cryptanalyst）試圖解密時所指望的線索。密碼分析師是對密碼進行分析，並尋找密碼模式試圖解密的人。密碼分析師是解密者比較花俏的別稱。

　　密碼分析師看朵拉貝拉密碼時，會試著找出其中的模式。由於朵拉貝拉密碼中，有二十四種獨一無二的符號，而英文有二十六個字母，也就是說，一個符號對應一個英

文字母是很有可能的。朵拉貝拉密碼只有八十七個符號，相當短，因此其中用了二十四個不同的字母也滿合理的，很有可能像是 E、A、T 等常用字母重複了幾次，而 Q、X、Z 這類不常用的字母可能根本沒出現。這個分析方法叫作「**頻率分析**」（frequency analysis），因為在英文中，有些字母出現的頻率比其他字母高，所以可以利用這個特性進行分析。

　　頻率分析是很可靠的技術，常被用來破解複雜的代碼，但是即使運用了頻率分析，朵拉貝拉密碼還是沒有被解開。甚至連接收訊息的朵拉本人都解不開。艾爾加協會（沒錯，艾爾加有他自己的紀念協會[6]）的主席朱利安・洛伊・韋伯對這位神祕的作曲家提出了見解：「他有淘氣的一面，也喜歡開玩笑。而他送了一串他自己也知道完全無法解密的訊息給那位可憐女孩，這很可能只是他所有玩笑的其中之一而已。」

　　因此，過了一百多年，世界上最聰明的解密者也可能曾是艾爾加先生大惡作劇的受害者！

---

6. 艾爾加協會是後人為了紀念他而成立的。

▋換個方式翻譯

別忘了英文字母或任何語言的字母都只是符號,這點十分重要。

花點時間想想這件事。

當你看到字母 P 時,立刻就知道它的發音,對吧?

但當人們發明英文這種語言時,P 只是一個被分配到那個發音的符號而已。

現在,假裝你不是講英語的人,而是講俄語的人。有些俄文字母的發音與長相相同的英文字母相同,但其他字母的發音則完全不同。如果你的母語是俄語,當你看到符號 P 時,發音跟母語是英語的人完全不同。同樣是符號 P,發音卻是像英文 R 的發音。由於 P 的俄文發音與英文發音完全不同,因此俄羅斯人會把「POT」念成「ROT」。

如果你把外語字母當作符號,有沒有可能利用密碼學來破解你不了解的外語呢?當然有可能!當你看著俄文單字時,或許可以告訴自己:「這是以英文寫成的,但被一些奇怪的符號加密了。我現在必須解密。」像是 Google 翻譯這類的應用程式,就是使用了這樣的密碼學技術,來

破解外國的符號和翻譯文字。

瑞典和美國的研究團隊在破解一組稱為「**科比亞勒密碼**」（Copiale cipher）的手抄本時，也使用了這個技術。這本手抄本可追溯到十八世紀末，每一頁都充滿了神祕的符號和羅馬字母。當研究員第一次看到這些符號時，並不知道該從哪裡解密起，因為他們根本不曉得該破譯的是什麼語言。這時團隊裡若有一位語言學家，就會十分有利。語言學家是研究語言的人。在這個情況下，語言學家沒有密碼學方面的經驗，但有像是 Google 翻譯這類工具翻譯技術的經驗。最後，這個團隊彙集了足夠的線索，一致認同密碼的原始語言應該是德文。接著研究者可以利用德文已知的特性來試著破譯手抄本。

雖然花了一點時間，幸好努力最終獲得了代價。他們發現，這個手抄本是一個叫作「眼醫」（Oculist Order）的祕密社團對某個儀式的詳細描述，這個學會顯然十分著迷於眼睛和眼科手術。

很詭異嗎？毋庸置疑。手抄本中甚至有一段起始儀式的描述，提到接受「手術」的人，進行「手術」的地方是拔掉一根眉毛。超怪的。

為什麼這是重要的發現呢？這麼說吧，除了破解古老密碼這件事很酷之外，利用現代密碼學來完成破譯也很棒，而且破譯手抄本對歷史學家來說十分重要。祕密社團在十八世紀非常熱門，而且直接影響了政治革命。試圖了解政治思想如何傳遞的歷史學家，可以藉由手抄本提供的資訊，幫助他們追蹤政治叛亂的足跡。你或許很好奇眼科手術和政治有什麼關係，但當你明白眼睛在祕密社團裡是很重要的符號，就不會覺得奇怪了。眼睛代表看見，引領著真相與知識。

　　你能想到另一個將眼睛當作標誌的團體嗎？沒錯！就是共濟會的全知之眼。你看見當時的潮流了嗎？

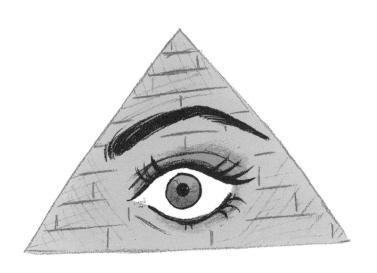

解密挑戰

準備好另一場解密挑戰了嗎？試著用豬圈密碼來破解以下的謎語吧！

人人都有，但沒有人能丟掉的東西是什麼？

答案：∨∩⌐⌐⌐⊃⋅∨

解碼科學好好玩

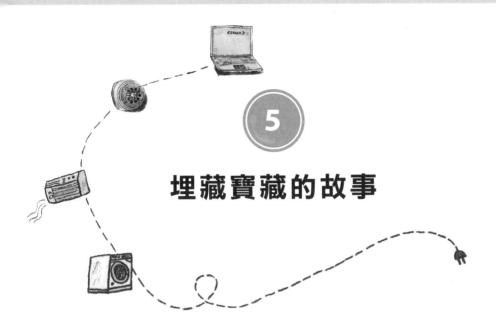

5

埋藏寶藏的故事

▌湯瑪斯·傑弗遜·比爾的祕密

你想找到埋藏起來的寶藏嗎？一定想吧！誰不想呢？

或許你要做的就是破解一個尚未被解開的神祕密碼。簡單吧？謠傳有個巨大寶藏正等著被發掘，而那個寶藏現在的價值可能超過六千萬美元。

那真的是很大一筆錢，另一方面，破解困擾了寶藏獵人一百多年的謎團，這份榮耀也挺棒的，不是嗎？

這個傳說起源於一八二〇年的冬天，美國維吉尼亞州林赤堡的一個小鎮，有一位叫作湯瑪斯·傑弗遜·比爾的神祕男子，他延長了在華盛頓旅館的入住時間。旅館的老

闆叫作羅伯特・莫里斯。

　　比爾在華盛頓旅館多住了三個月，但大家對他的了解甚少，也沒人知道他來自哪裡、帶了什麼來林赤堡。

　　三個月後，比爾突然退房。他沒告訴大家他要離開，也沒人知道他的去向，只是無聲無息的走了。

　　維吉尼亞州林赤堡的小鎮一切如故。

　　兩年後，一八二二年的冬天，比爾回到了華盛頓旅館。他拒絕討論過去兩年自己去了哪裡，也對他來林赤堡做什麼隻字未提。這個冬天，比爾都待在林赤堡，一邊做他的事，一邊與當地人交朋友。但春天來了，如同兩年前一樣，比爾該離開了。但這一次，他決定向旅館老闆莫里斯透露一點祕密。比爾待在華盛頓旅館期間，愈來愈了解莫里斯，知道莫里斯是個正派誠實的人，也相信莫里斯會

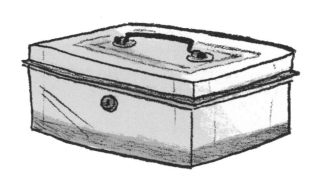

保守他的祕密。

　　比爾將一只上鎖的鐵盒交給莫里斯，告訴他盒子裡有
幾張值錢的文件。他請莫里斯保管盒子，直到他回來或給
予指示。莫里斯收下盒子，放到安全的地方。他從未提出
任何疑問，也從未試圖撬開盒子。

　　幾個月過去，莫里斯收到一封比爾寄來的信，郵戳為
美國密蘇里州聖路易，距離林赤堡超過七百英里遠。

　　莫里斯拆了信，得知比爾正在橫越平原獵捕水牛。而
關於比爾留在莫里斯那裡的盒子，信件中也透露了一些訊
息。比爾在信中告訴莫里斯，盒子裡有著與巨大寶藏相關
的重要文件。他請莫里斯小心的看顧盒子，至少保護它十
年。如果十年後，比爾沒回來，莫里斯才可以解開鎖，打
開盒子。

　　信中繼續解釋，盒子裡的文件必須靠一組密鑰才能解
讀，他承諾十年內會送來密鑰，如此就能解讀這些祕密
了。

　　莫里斯按照指示，在接下來的十年中都繼續守住盒
子。但比爾再也不曾回來華盛頓旅館。他承諾要給的密
鑰呢？也從未送達。莫里斯以為比爾和他的同伴因無法

預期的事而延遲了。畢竟當時是一八〇〇年代，那時的長途旅行既困難又複雜。莫里斯認為比爾最終一定會出現。

但是比爾再也沒有回去維吉尼亞州。

他承諾的密鑰也從未送達。

莫里斯很有耐心。他原本可以在十年後就打開盒子，但他沒這麼做。直到二十三年後，莫里斯終於接受了比爾可能再也不會回來、密鑰也或許永遠不會送達的事實，最後他決定撬開盒子。

莫里斯在盒子裡發現另一封信。這封信解釋了莫里斯和比爾第一次見面的前三年所發生之事，當時比爾和朋友正展開跨越平原的獵捕水牛之旅。在追蹤牛群的時候，他們注意到岩石的裂縫有些東西，看起來像黃金。黃金耶！

信接著寫道，之後的十八個月，比爾和他的朋友都在開採黃

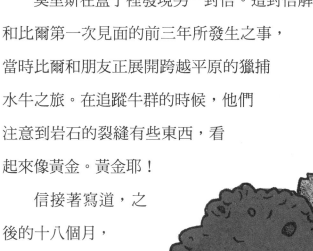

金。十八個月過後，他們累積了相當可觀的財寶，而且是多到必須保護的程度。這群人決定將所有寶藏埋在維吉尼亞州的家人住處附近，並將這個重要的任務託付給比爾。因此，比爾第一次入住了華盛頓旅館，找到一個神祕的隱藏地點，埋藏了寶藏。他在冬天時脫隊來到華盛頓旅館，之後再次回到平原，加入夥伴的行列，繼續開採黃金兩年，累積更多的財富。

這些新開採的黃金該怎麼處置呢？當然是將它跟之前的寶藏埋在一起。所以比爾再次回到林赤堡，帶著另一批寶藏並埋藏起來。不過，在第二趟旅程中，他還有另一項任務：他必須找一個能夠信任的人來保守祕密，以防他出了什麼意外。

他選中的人是華盛頓旅館的老闆，莫里斯先生。

除了比爾的信，盒子裡還有三張文件。每張文件都有一大串難以理解的數字。

這三張紙後來被稱為「**比爾密碼**」（Beale ciphers）。

這三張紙含有三個非常重要、非常有價值的資訊。

莫里斯從信中得知，第一張紙透露的是埋藏寶藏的地點，第二張是寶藏的內容物，第三張則羅列了比爾所有淘

71, 194, 38, 1701, 89, 76, 11, 83, 1629, 48, 94, 63, 132, 16, 111, 95, 84, 341, 975,
14, 40, 64, 27, 81, 139, 213, 63, 90, 1120, 8, 15, 3, 126, 2018, 40, 74, 758, 485,
604, 230, 436, 664, 582, 150, 251, 284, 308, 231, 124, 211, 486, 225, 401, 370,
11, 101, 305, 139, 189, 17, 33, 88, 208, 193, 145, 1, 94, 73, 416, 918, 263, 28, 500,
538, 356, 117, 136, 219, 27, 176, 130, 10, 460, 25, 485, 18, 436, 65, 84, 200, 283,
118, 320, 138, 36, 416, 280, 15, 71, 224, 961, 44, 16, 401, 39, 88, 61, 304, 12, 21,
24, 283, 134, 92, 63, 246, 486, 682, 7, 219, 184, 360, 780, 18, 64, 463, 474, 131,
160, 79, 73, 440, 95, 18, 64, 581, 34, 69, 128, 367, 460, 17, 81, 12, 103, 820, 62,
116, 97, 103, 862, 70, 60, 1317, 471, 540, 208, 121, 890, 346, 36, 150, 59, 568,
614, 13, 120, 63, 219, 812, 2160, 1780, 99, 35, 18, 21, 136, 872, 15, 28, 170, 88, 4,
30, 44, 112, 18, 147, 436, 195, 320, 37, 122, 113, 6, 140, 8, 120, 305, 42, 58, 461,
44, 106, 301, 13, 408, 680, 93, 86, 116, 530, 82, 568, 9, 102, 38, 416, 89, 71, 216,
728, 965, 818, 2, 38, 121, 195, 14, 326, 148, 234, 18, 55, 131, 234, 361, 824, 5,
81, 623, 48, 961, 19, 26, 33, 10, 1101, 365, 92, 88, 181, 275, 346, 201, 206, 86,
36, 219, 324, 829, 840, 64, 326, 19, 48, 122, 85, 216, 284, 919, 861, 326, 985,
233, 64, 68, 232, 431, 960, 50, 29, 81, 216, 321, 603, 14, 612, 81, 360, 36, 51, 62,
194, 78, 60, 200, 314, 676, 112, 4, 28, 18, 61, 136, 247, 819, 921, 1060, 464, 895,
10, 6, 66, 119, 38, 41, 49, 602, 423, 962, 302, 294, 875, 78, 14, 23, 111, 109, 62,
31, 501, 823, 216, 280, 34, 24, 150, 1000, 162, 286, 19, 21, 17, 340, 19, 242, 31,
86, 234, 140, 607, 115, 33, 191, 67, 104, 86, 52, 88, 16, 80, 121, 67, 95, 122, 216,
548, 96, 11, 201, 77, 364, 218, 65, 667, 890, 236, 154, 211, 10, 98, 34, 119, 56,
216, 119, 71, 218, 1164, 1496, 1817, 51, 39, 210, 36, 3, 19, 540, 232, 22, 141, 617,
84, 290, 80, 46, 207, 411, 150, 29, 38, 46, 172, 85, 194, 39, 261, 543, 897, 624, 18,
212, 416, 127, 931, 19, 4, 63, 96, 12, 101, 418, 16, 140, 230, 460, 538, 19, 27, 88,
612, 1431, 90, 716, 275, 74, 83, 11, 426, 89, 72, 84, 1300, 1706, 814, 221, 132,
40, 102, 34, 868, 975, 1101, 84, 16, 79, 23, 16, 81, 122, 324, 403, 912, 227, 936,
447, 55, 86, 34, 43, 212, 107, 96, 314, 264, 1065, 323, 428, 601, 203, 124, 95, 216,
814, 2906, 654, 820, 2, 301, 112, 176, 213, 71, 87, 96, 202, 35, 10, 2, 41, 17, 84,
221, 736, 820, 214, 11, 60, 760.

115, 73, 24, 807, 37, 52, 49, 17, 31, 62, 647, 22, 7, 15, 140, 47, 29, 107, 79, 84, 56,
239, 10, 26, 811, 5, 196, 308, 85, 52, 160, 136, 59, 211, 36, 9, 46, 316, 554, 122,
106, 95, 53, 58, 2, 42, 7, 35, 122, 53, 31, 82, 77, 250, 196, 56, 96, 118, 71, 140,
287, 28, 353, 37, 1005, 65, 147, 807, 24, 3, 8, 12, 47, 43, 59, 807, 45, 316, 101, 41,
78, 154, 1005, 122, 138, 191, 16, 77, 49, 102, 57, 72, 34, 73, 85, 35, 371, 59, 196,
81, 92, 191, 106, 273, 60, 394, 620, 270, 220, 106, 388, 287, 63, 3, 191, 122, 43,
234, 400, 106, 290, 314, 47, 48, 81, 96, 26, 115, 92, 158, 191, 110, 77, 85, 197, 46,
10, 113, 140, 353, 48, 120, 106, 2, 607, 61, 420, 811, 29, 125, 14, 20, 37, 105, 28,
248, 16, 159, 7, 35, 19, 301, 125, 110, 486, 287, 98, 117, 511, 62, 51, 220, 37, 113,
140, 807, 138, 540, 8, 44, 287, 388, 117, 18, 79, 344, 34, 20, 59, 511, 548, 107,
603, 220, 7, 66, 154, 41, 20, 50, 6, 575, 122, 154, 248, 110, 61, 52, 33, 30, 5, 38, 8,
14, 84, 57, 540, 217, 115, 71, 29, 84, 63, 43, 131, 29, 138, 47, 73, 239, 540, 52, 53,
79, 118, 51, 44, 63, 196, 12, 239, 112, 3, 49, 79, 353, 105, 56, 371, 557, 211, 515,
125, 360, 133, 143, 101, 15, 284, 540, 252, 14, 205, 140, 344, 26, 811, 138, 115,
48, 73, 34, 205, 316, 607, 63, 220, 7, 52, 150, 44, 52, 16, 40, 37, 158, 807, 37, 121,
12, 95, 10, 15, 35, 12, 131, 62, 115, 102, 807, 49, 53, 135, 30, 31, 62, 67, 41, 85,
85, 63, 10, 106, 807, 138, 8, 113, 20, 32, 33, 37, 353, 287, 140, 47, 85, 50, 37, 49,
47, 64, 6, 7, 71, 33, 4, 43, 47, 63, 1, 27, 600, 208, 230, 15, 191, 246, 85, 94, 511, 2,
270, 20, 39, 7, 33, 44, 22, 40, 7, 10, 3, 811, 106, 44, 486, 230, 353, 211, 200, 31,
10, 38, 140, 297, 61, 603, 320, 302, 666, 287, 2, 44, 33, 32, 511, 548, 10, 6, 250,
557, 246, 53, 37, 52, 83, 47, 320, 38, 33, 807, 7, 44, 30, 31, 250, 10, 15, 35, 106,
160, 113, 31, 102, 406, 230, 540, 320, 29, 66, 33, 101, 807, 138, 301, 316, 353,
320, 220, 37, 52, 28, 540, 320, 33, 8, 48, 107, 50, 811, 7, 2, 113, 73, 16, 125, 11,
110, 67, 102, 807, 33, 59, 81, 158, 38, 43, 581, 138, 19, 85, 400, 38, 43, 97, 14, 27,
8, 47, 138, 63, 140, 44, 35, 22, 177, 106, 250, 314, 217, 2, 10, 7, 1005, 4, 20, 25,
44, 48, 7, 26, 46, 110, 230, 807, 191, 34, 112, 147, 44, 110, 121, 125, 96, 41, 51,
50, 140, 56, 47, 152, 540, 63, 807, 28, 42, 250, 138, 582, 98, 643, 32, 107, 140,
112, 26, 85, 138, 540, 53, 20, 125, 371, 38, 36, 10, 52, 118, 136, 102, 420, 150,
112, 71, 14, 20, 7, 24, 18, 12, 807, 37, 67, 110, 62, 33, 21, 95, 220, 511, 102, 811,
30, 83, 84, 305, 620, 15, 2, 108, 220, 106, 353, 105, 106, 60, 275, 72, 8, 50, 205,
185, 112, 125, 540, 65, 106, 807, 188, 96, 110, 16, 73, 33, 807, 110, 409, 400, 50,
154, 285, 96, 106, 316, 270, 205, 101, 811, 400, 8, 44, 37, 52, 40, 241, 34, 205,
38, 16, 46, 47, 85, 24, 44, 15, 64, 73, 138, 807, 85, 78, 110, 33, 420, 505, 53, 37,
38, 22, 31, 10, 110, 106, 101, 140, 15, 38, 3, 5, 44, 7, 98, 287, 135, 150, 96, 33, 84,
125, 807, 191, 96, 511, 118, 440, 370, 643, 466, 106, 41, 107, 603, 220, 275, 30,
150, 105, 49, 53, 287, 250, 208, 134, 7, 53, 12, 47, 85, 63, 138, 110, 21, 112, 140,
485, 486, 505, 14, 73, 84, 575, 1005, 150, 200, 16, 42, 5, 4, 25, 42, 8, 16, 811,
125, 160, 32, 205, 603, 807, 81, 96, 405, 41, 600, 136, 14, 20, 28, 26, 353, 302,
246, 8, 131, 160, 140, 84, 440, 42, 16, 811, 40, 67, 101, 102, 194, 138, 205, 51,
63, 241, 540, 122, 8, 10, 63, 140, 47, 48, 140, 288.

解碼科學好好玩

```
317, 8, 92, 73, 112, 89, 67, 318, 28, 96, 107, 41, 631, 78, 146, 397, 118, 98, 114,
246, 348, 116, 74, 88, 12, 65, 32, 14, 81, 19, 76, 121, 216, 85, 33, 66, 15, 108, 68,
77, 43, 24, 122, 96, 117, 36, 211, 301, 15, 44, 11, 46, 89, 18, 136, 68, 317, 28, 90,
82, 304, 71, 43, 221, 198, 176, 310, 319, 81, 99, 264, 380, 56, 37, 319, 2, 44, 53,
28, 44, 75, 98, 102, 37, 85, 107, 117, 64, 88, 136, 48, 154, 99, 175, 89, 315, 326,
78, 96, 214, 218, 311, 43, 89, 51, 90, 75, 128, 96, 33, 28, 103, 84, 65, 26, 41, 246,
84, 270, 98, 116, 32, 59, 74, 66, 69, 240, 15, 8, 121, 20, 77, 89, 31, 11, 106, 81,
191, 224, 328, 18, 75, 52, 82, 117, 201, 39, 23, 217, 27, 21, 84, 35, 54, 109, 128,
49, 77, 88, 1, 81, 217, 64, 55, 83, 116, 251, 269, 311, 96, 54, 32, 120, 18, 132, 102,
219, 211, 84, 150, 219, 275, 312, 64, 10, 106, 87, 75, 47, 21, 29, 37, 81, 44, 18,
126, 115, 132, 160, 181, 203, 76, 81, 299, 314, 337, 351, 96, 11, 28, 97, 318, 238,
106, 24, 93, 3, 19, 17, 26, 60, 73, 88, 14, 126, 138, 234, 286, 297, 321, 365, 264,
19, 22, 84, 56, 107, 98, 123, 111, 214, 136, 7, 33, 45, 40, 13, 28, 46, 42, 107, 196,
227, 344, 198, 203, 247, 116, 19, 8, 212, 230, 31, 6, 328, 65, 48, 52, 59, 41, 122,
33, 117, 11, 18, 25, 71, 36, 45, 83, 76, 89, 92, 31, 65, 70, 83, 96, 27, 33, 44, 50, 61,
24, 112, 136, 149, 176, 180, 194, 143, 171, 205, 296, 87, 12, 44, 51, 89, 98, 34, 41,
208, 173, 66, 9, 35, 16, 95, 8, 113, 175, 90, 56, 203, 19, 177, 183, 206, 157, 200,
218, 260, 291, 305, 618, 951, 320, 18, 124, 78, 65, 19, 32, 124, 48, 53, 57, 84, 96,
207, 244, 66, 82, 119, 71, 11, 86, 77, 213, 54, 82, 316, 245, 303, 86, 97, 106, 212,
18, 37, 15, 81, 89, 16, 7, 81, 39, 96, 14, 43, 216, 118, 29, 55, 109, 136, 172, 213,
64, 8, 227, 304, 611, 221, 364, 819, 375, 128, 296, 1, 18, 53, 76, 10, 15, 23, 19, 71,
84, 120, 134, 66, 73, 89, 96, 230, 48, 77, 26, 101, 127, 936, 218, 439, 178, 171, 61,
226, 313, 215, 102, 18, 167, 262, 114, 218, 66, 59, 48, 27, 19, 13, 82, 48, 162, 119,
34, 127, 139, 34, 128, 129, 74, 63, 120, 11, 54, 61, 73, 92, 180, 66, 75, 101, 124,
265, 89, 96, 126, 274, 896, 917, 434, 461, 235, 890, 312, 413, 328, 381, 96, 105,
217, 66, 118, 22, 77, 64, 42, 12, 7, 55, 24, 83, 67, 97, 109, 121, 135, 181, 203, 219,
228, 256, 21, 34, 77, 319, 374, 382, 675, 684, 717, 864, 203, 4, 18, 92, 16, 63, 82,
22, 46, 55, 69, 74, 112, 134, 186, 175, 119, 213, 416, 312, 343, 264, 119, 186, 218,
343, 417, 845, 951, 124, 209, 49, 617, 856, 924, 936, 72, 19, 28, 11, 35, 42, 40, 66,
85, 94, 112, 65, 82, 115, 119, 236, 244, 186, 172, 112, 85, 6, 56, 38, 44, 85, 72,
32, 47, 73, 96, 124, 217, 314, 319, 221, 644, 817, 821, 934, 922, 416, 975, 10, 22,
18, 46, 137, 181, 101, 39, 86, 103, 116, 138, 164, 212, 218, 296, 815, 380, 412,
460, 495, 675, 820, 952.
```

金夥伴的名字，以及說明如何分配這些財寶給他們的家

人。

　　故事說到這裡，你可能會問，為什麼會有人想要長途

跋涉去尋找被埋藏的寶藏，只為了分配寶藏給這些淘金者

的家人？難道莫里斯不想把寶藏據為己有嗎？別忘了，莫

里斯可是個講信用的人。他會找到寶藏並遵照比爾的指

示，將寶藏分配給這些人的家人。而且或許，只是或許

啦，如果淘金者的家人十分感激他，或許會為了他所遇到

的所有麻煩，給予一點回報。

為了滿足比爾的願望，莫里斯首先必須破解密碼。

然而，因為密鑰從未送達，所以莫里斯一開始就遇到難關了。

不靠密鑰來破解密碼並非不可能，只是需要勇氣和決心。莫里斯決定解開這些神祕密碼。但接下來的二十年，莫里斯受困在這些密碼之中。直到八十四歲時，他不得不承認失敗。比爾密碼打敗了他。

莫里斯決定與朋友分享比爾密碼，希望他們能完成比爾的願望。我們不知道這些朋友的身分，但其中有一位最終有了重大突破。

這個突破是在《美國獨立宣言》的幫助下達成的。

▌解密之書

這位聰明的朋友想到，比爾密碼的數字對應的是一本書或一份文件裡的字。這種密碼通常稱為「**書籍式加密**」（book cipher）。書籍式加密是一種使用書或文件當作密鑰的密碼。

如果這位不具名的朋友找到了正確的密鑰來源，或許他們就可以成功解開密碼。

讓我們回想一下，是誰創造了這組密碼。

湯瑪斯‧傑弗遜‧比爾。

那《美國獨立宣言》的作者是誰呢？

湯瑪斯‧傑弗遜。

這個相似之處只是單純的巧合嗎？還是兩者之間有所關聯呢？

而且這裡還有一個不能被忽略的連結。《美國獨立宣言》初始的簽署人之一叫作羅伯特‧莫里斯。

別搞錯了，此莫里斯（Robert Morris）非彼莫里斯（Robert Morriss），他並不是華盛頓旅館的老闆。注意到這兩個名字的拼法不同了嗎？但不能忽略兩者之間的相似性。

結果，《美國獨立宣言》就是解開第二張比爾密碼的密鑰。

要怎麼破解呢？

讓我們來看看。

第二張密碼的第一個數字是 115。

尋找《美國獨立宣言》的第 115 個單字來解開密碼。這個單字是「instituted」（制定），而它的第一個字母是

「I」，所以解密訊息的第一個字母是「I」。

繼續使用這個方法解密，密碼的第二個數字是 73，《美國獨立宣言》第 73 個單字是「hold」（持有）。因此解密訊息的第二個字母是「H」。

依照相同的步驟解完整串密碼，顯示出下列訊息：

我在貝德福郡埋了一些東西，距離標福大約四英里，位於離地面六英尺深的坑洞或地窖中。接下來的文章，包括參與其中的人名被寫在第三張紙上。

第一次埋的東西包含一千零一十四英磅的黃金，以及三千八百一十二英磅的銀，於一八一九年十一月掩埋。第二次是在一八二一年十二月掩埋，內容包含一千九百零七英磅的黃金和一千兩百八十八英磅的銀，還有為了節省運輸，在聖路易用銀換成的珠寶，價值一萬三千美元。

以上這些東西都安全的放在鐵鍋裡，有鐵蓋保護。地窖粗略以石頭排列，容器靠在堅硬的石頭旁，並用其他東西蓋住。第一張紙記載了地窖確

切的位置，因此要找到它並不

困難。

終於，我們得到了部分答
案！如果這個訊息是真的，
代表某個地方有大量
的寶藏等著被發
掘。這個由破
解密碼得到的
訊息，甚至證
實了寶藏所在地是寫在第一張密碼紙上。

現在要做的，就是解開第一張密碼，得到埋藏寶藏的
位置，買一把堅固的鏟子，前往該地點，然後開始挖。

很容易吧？

其實不然。

你可能認為《美國獨立宣言》是解開其餘密碼的密
鑰。但很不幸的，並不是。用《美國獨立宣言》當作密
鑰，結果會出現一堆亂碼，而不是真正有意義的單字。

那別的歷史文獻呢？例如《憲法》？不，這也行不

埋藏寶藏的故事

通。《大憲章》、《邦聯條例》或是《美國權利法案》呢？錯、錯，全都錯。

令人沮喪的是，莫里斯這位不具名的朋友最後判斷，他們可能沒辦法破解剩下的兩張密碼。一八六二年，在比爾第一次造訪維吉尼亞州林赤堡的四十二年

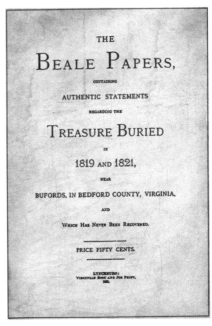

THE
BEALE PAPERS,
CONTAINING
AUTHENTIC STATEMENTS
REGARDING THE
TREASURE BURIED
IN
1819 AND 1821,
NEAR
BUFORDS, IN BEDFORD COUNTY, VIRGINIA,
AND
WHICH HAS NEVER BEEN RECOVERED.

PRICE FIFTY CENTS.

LYNCHBURG:
VIRGINIAN BOOK AND JOB PRINT,
1885.

《比爾密碼》的封面，由詹姆士·沃德出版。

後，這位不具名的朋友決定出版一本小冊子，叫作《比爾密碼》，內容包含了他們對這個神祕密碼所知的一切。他們決定不要公開身分，因為害怕將自己的名字印在這本小冊子上，會受到太多不想要的關注。取而代之，他們委託朋友詹姆士·沃德出版。如今，我們對比爾、密碼以及寶藏的了解，都來自《比爾密碼》一書中的資訊。

　　班尼迪克・阿諾是美國最惡名昭彰的叛徒之一，因為他在美國獨立戰爭期間，決定改變效忠對象，轉而幫助英國，而不是自己的國家。阿諾是美國的將軍，被任命為紐約西點要塞的指揮官。然而，阿諾的計畫是出賣西點要塞給英國。

　　阿諾為了實現計畫，他必須找到能與英國新朋友祕密聯繫的方法。他選了什麼方法呢？就是書籍式加密技術。

　　就大家所知，阿諾密碼是阿諾和英軍少校約翰・安德烈之間一系列加密的祕密通訊。為了能夠祕密通訊，阿諾和安德烈必須擁有同一本書的相同版本。他們使用的書是威廉・布萊克史東所寫的《英國法釋義》。

　　阿諾的訊息包含了一系列用句點分隔的三個數字。第一個數字代表書的頁數，第二個數字表示那一頁的第幾行，第三個數字特指那一行的第幾個單字。

　　相當不錯的計畫，對吧？

　　對，但只維持了一陣子，美軍就抓到了帶著文件

的安德烈，而文件上寫著接管西點要塞的陰謀。不幸的是，安德烈自己懶得加密這些文件的訊息。

隨著陰謀暴露、安德烈被捕，阿諾知道自己無望。所以他趕緊逃跑，驚險的躲過華盛頓軍隊的追捕。最後，阿諾逃到了英國。

現在，班尼迪克・阿諾這個名字就是「叛徒」的同義詞。

▌是寶藏，還是惡作劇？

我們從《比爾密碼》中得知，某個地方有很多寶藏等著被發掘。但真的有嗎？

比爾密碼和埋藏的寶藏會不會是個精心設計的騙局呢？確實有可能。

有些人說《比爾密碼》只是沃德為了賺快錢而施的伎倆。他們說沃德有計畫的創造了密碼，讓想成為尋寶獵人的人買下小冊子，而比爾、莫里斯和那位不具名的朋友從未存在過。小冊子當時一本賣五十分錢，大約相當於現在的十三美元。如果很多人購買，沃德就能賺進

一筆不錯的收入。

　　為了反駁這些不認同的人，歷史學家試圖尋找證據，證明比爾真的確實存在過。他們調閱了美國人口普查紀錄，也就是政府某次進行的人口統計。在一七九〇年的紀錄中，可以看到確實有很多個湯瑪斯‧比爾誕生於維吉尼亞州，但我們不知道在他們之中，哪一個才是「正確的」比爾。

　　他們從某項紀錄中找到了算是有趣的線索。在聖路易郵局一八二〇年的客戶名單上，有個名字叫作湯瑪斯‧比歐。沒錯，這個名字與我們指的湯瑪斯‧比爾不同，但確實很相似。你還記得莫里斯是在一八二二年收到比爾的信嗎？那封信的郵戳正是來自聖路易。有沒有可能湯瑪斯‧比歐跟湯瑪斯‧比爾是同一個人，是否就能證明寶藏的存在呢？

　　如今，沒有人能肯定的說比爾曾經存在，或是某處仍有大量寶藏等著被發現。可以肯定的是，這個故事讓尋寶獵人著迷了超過一百五十年。

　　不只如此，這個傳說對密碼學和電腦研究產生了不可思議的影響。由於有非常多密碼學家和電腦科學家曾試著

開發複雜的工具來破解密碼，我們現在才有先進的密碼學技術，要是沒有比爾密碼，就不可能有這樣的發展。是的，我們仍然沒能成功破解密碼，但在破解策略上有了很大的進步。因此，我們要感謝比爾。

光是這樣就很棒了。

雖然這並不是一筆龐大的財寶。

無法閱讀的書

想要保密訊息，書籍式加密是很棒的策略。除非知道當初是用哪一本書來製作密碼，不然幾乎不可能破解書籍式加密，而且世界上有幾百萬本書，幾乎無法靠猜測就能找到密鑰。或許這就是比爾密碼未被破解的原因之一。

不過，如果我們不使用書來製作密碼，而是將整本書當作一個密碼，又會怎麼樣呢？

那就是《伏尼契手稿》背後的故事。《伏尼契手稿》是一本有六百年歷史的書，以買下它的古董商威爾弗雷德・伏尼契命名。伏尼契手稿大約兩百四十頁，

全由無法辨識的字形寫成。不只是這些大家普遍相信是密文的字形，書中也呈現了奇異的植物圖片、黃道十二宮符號，以及在詭異水管裝置中的人類。

《伏尼契手稿》的內頁。

那些內容究竟是什麼呢？

沒人知道！

我們可以假設，無論伏尼契手稿描述的是什麼，如果有某個人願意花費時間寫了兩百四十頁的密文和創作精緻的插畫，這本書一定非常重要。對於伏尼契手稿可能描述了什麼，有著各式各樣的理論。有些人說它是古代煉金術的書，有將金屬煉成黃金的祕密。其他人猜測是達文西小時候的作品，他利用代碼書寫，

埋藏寶藏的故事

加密內容以免被審判。還有一些人猜測是外星人造訪地球後留下的書。

　　如果密碼學家無法破譯這些文字，或許我們可以從書中的圖片猜測這本書所代表的意義，除非⋯⋯連植物學家也無法辨識書中的植物圖。黃道十二宮的符號看起來有點像我們現今所見的黃道十二宮符號，但這並沒有告訴我們任何事情。那麼在詭異水管裝置中的人類呢？是的，沒有人知道那是怎麼回事[7]。

　　許多伏尼契的研究學者認為，這份手稿是某種醫學或藥學指南。記住，占星學與黃道十二宮在過去都和醫學與健康息息相關，因此這的確是個合理的猜測。

---

7. 目前，加拿大的人工智慧專家聲稱，他們利用人工智慧，將這些字形破譯成希伯來文，已能解讀部分字詞。

解密挑戰

問題：什麼可以把東西弄得愈乾，它就會愈來愈溼？

不確定答案嗎？這裡有答案的密碼：

61 12 66 89 176

試著用《美國獨立宣言》作為密鑰來破解密碼，就像破解第二張比爾密碼一樣。

為了幫助你破解，這裡列出了《美國獨立宣言》的第一部分，單字後面還有標號。

When(1) in(2) the(3) course(4) of(5) human(6) events(7) it(8) becomes(9) necessary(10) for(11) one(12) people(13) to(14) dissolve(15) the(16) political(17) bands(18) which(19) have(20) connected(21) them(22) with(23) another(24) and(25) to(26) assume(27) among(28) the(29) powers(30) of(31) the(32) earth(33)the(34) separate(35) and(36) equal(37) station(38) to(39) which(40)the(41) laws(42) of(43) nature(44) and(45) of(46) nature's(47)god(48) entitle(49) them(50) a(51) decent(52)

respect(53) to(54)the(55) opinions(56) of(57) mankind(58)
requires(59) that(60)they(61) should(62) declare(63) the(64)
causes(65) which(66)impel(67) them(68) to(69) the(70)
separation(71) we(72) hold(73)these(74) truths(75) to(76)
be(77) self(78) evident(79) that(80)all(81) men(82) are(83)
created(84) equal(85) that(86) they(87)are(88) endowed(89)
by(90) their(91) creator(92) with(93)certain(94) unalienable(95)
rights(96) that(97) among(98) these(99)are(100) life(101)
liberty(102) and(103) the(104) pursuit(105)of(106)
happiness(107) that(108) to(109) secure(110) these(111)
rights(112) governments(113) are(114) instituted(115)
among(116)men(117) deriving(118) their(119) just(120)
powers(121) from(122)the(123) consent(124) of(125) the(126)
governed(127) that(128)whenever(129) any(130) form(131)
of(132) government(133)becomes(134) destructive(135)
of(136) these(137) ends(138)it(139) is(140) the(141) right(142)
of(143) the(144) people(145)to(146) alter(147) or(148) to(149)
abolish(150) it(151) and(152)to(153) institute(154) new(155)
government(156) laying(157)its(158) foundation(159) on(160)
such(161) principles(162)and(163) organizing(164) its(165)

解碼科學好好玩

powers(166) in(167) such(168)form(169) as(170) to(171) them(172) shall(173) seem(174)most(175) likely(176) to(177) effect(178) their(179) safety(180)and(181) happiness(182)

埋藏寶藏的故事

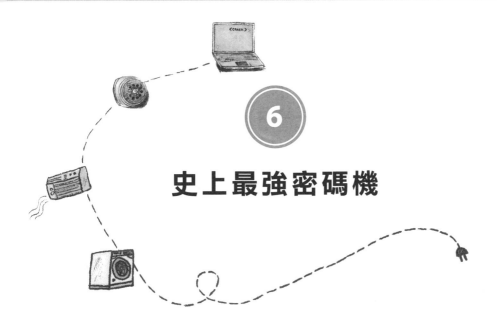

6

史上最強密碼機

你想要像真正的間諜一樣，傳送機密訊息給你的朋友嗎？或許你已經決定使用代換密碼，就像凱撒大帝一樣。好主意。立刻開始加密你的訊息吧。

你所要做的第一件事是選一個密鑰。接著你必須算出訊息裡的密文字母。這不是什麼難事。只是將訊息中的每個字母根據密鑰的數字移位而已。

除非你的訊息很長，那就會有點痛苦。

如果你試圖加密的句子很多，或甚至有很多段落，就必須處理很多很多的字母。計算密文字母和加密長訊息，會耗費一些時間和心力。

那麼，要傳達許多內容的間諜該怎麼辦？

這就是「**密碼盤**」（cipher disk）派上用場的地方了。

密碼盤是一四七〇年由雷歐・巴提斯塔・阿爾貝提發明的工具，用來加快加密和解密的速度。全宇宙的間諜們都歡欣鼓舞！

密碼盤是用兩個圓盤構成，如下圖。

外圈較大的圓盤是固定的，中間較小的圓盤則可以旋轉。

如果有人想用密碼盤加密訊息，他們首先必須選一個密鑰。在圖中，你可以看到小圓盤的字母 A 對齊外圈大

阿爾貝提發明的密碼盤。

圓盤的字母 N。當密碼盤設置成這個位置時，代表密鑰就是 A ＝ N。只把這個密鑰分享給預定的訊息接收人非常重要。

　　密碼盤設定好密鑰後，就可以開始加密訊息了。訊息發送者加密整串訊息的過程中，都不需要再轉動密碼盤。

　　現在，加密訊息非常簡單。比方說，發訊者必須用圖中密碼盤的密鑰 A ＝ N 來加密「CAB」這個字。密鑰已經設定好，A 對齊 N。第二步是找出明文「CAB」每個字母對應到的密文字母。你可以在內圈尋找明文單字的第一個字母 C，記下外圈對應的字母，對應的字母是 L。繼續這個方法，你會看到明文單字「CAB」對應的密碼是 LNM。

　　這裡有個玄機。為了讓收訊者容易解密，他們需要兩樣東西：精確的密碼盤複製品和密鑰。

　　密碼盤和盤上的各種變化，對加密訊息來說是很有用的方法。直到四百年後的美國南北戰爭，都還有使用密碼盤來傳送機密訊息。

　　《美國獨立宣言》的作者湯瑪斯‧傑弗遜，也是第三任美國總統，他非常依賴密碼學來保密重要訊息。事實上，傑弗遜就是個密碼學者，並發明了自己的加密裝置，叫作「密碼輪」（wheel cipher）。密碼輪由一系列的圓盤組成，旋轉圓盤可以打亂訊息中的字母。密碼輪的加密策略非常強大，甚至到一百五十年後的第二次世界大戰都還有使用。

湯瑪斯‧傑弗遜發明的密碼輪。

　　有很多歷史證據證明，在傑弗遜的總統任期內，代碼和密碼對他來說極度重要。一個值得注意的例子

是探險家梅里韋瑟·路易斯和威廉·克拉克在遠征美國西部期間，與傑弗遜的通訊。傑弗遜想要確保路易斯與克拉克的發現絕不會落入敵人手中，因此堅持在遠征期間，他與探險家的通訊都必須加密。

█ 轉動密碼

　　南北戰爭時，聯邦軍所使用的密碼盤是由艾伯特·詹姆士·邁爾所發明。邁爾最為人所知的是成立了美軍通信兵團。通信兵團是聯邦軍中非常重要的部門，負責在戰場上傳送戰爭訊息。邁爾發明的系統，是由信號員以不同模式揮動旗幟，每種揮動模式就是一個代碼！橫越戰場的人可以看到旗幟揮舞，並將揮動模式翻譯成訊息。但是邁爾想要讓戰場上的通訊更加安全。他決定發明他個

南北戰爭期間，聯邦軍所使用的邁爾密碼盤。

第二次世界大戰時，德軍使用的恩尼格碼密碼機。

人版本的密碼盤。

邁爾版本的密碼盤中，外圈只使用了數字 1 和 8 的不同組合，可動的內圈為所有英文字母，以隨機的順序排列。密碼盤的中間放了他的名字縮寫 A.J.M.，所以每個人都會知道這是他的發明。這是個很酷的發明，值得他吹噓一番，尤其因為在聯邦軍的戰爭貢獻中，這個密碼盤成為很重要的一環。事實上，若要解開由密碼盤加密的訊息，使用暴力破解並不太困難。因為密碼盤只是讓使用代換密碼來加密訊息變得容易一點的工具。假如一個聰明的解密者真的想破解密碼盤加密的訊息，或許不用花費太多力氣就能做到。直到一九一八年，德國發明家亞圖·謝爾比烏斯決定延伸密碼盤的基礎概念，創造出世界上有史以來最可怕的加密機器。這臺機器叫作「**恩尼格碼密碼機**」（Enigma）。

恩尼格碼密碼機協助形塑了第二次世界大戰——歷史上最致命的戰爭。

徵求公民檔案專員

美國總統林肯知道，想要在南北戰爭中獲勝，祕密通訊有多重要。這就是為什麼他與他的軍隊通訊時，常使用代碼。

隨著戰爭過程中科技的發展，林肯開始仰賴電報通訊。電報讓林肯可以在戰場上與軍隊即時通訊。電報是透過電線來傳輸字句，是一種老式的傳訊系統。電報有點像是現在的簡訊，但沒這麼快、這麼精確，也沒這麼容易收發，不過概念是相似的。林肯可以鍵入訊息，透過線路送出，而位在遙遠距離的收訊者可以很快讀取。

林肯和北方的聯邦軍在戰爭過程中發送了數千條電報。不過，重要訊息會加密，以確保南方的邦聯軍無法截聽。那些電報說了些什麼呢？過了這麼久的時間，到現在都還不清楚。

在南北戰爭的一百五十年後，我們現在終於開始破解這些機密訊息了。

而且你也可以出一分力！

有個組織叫作「解密南北戰爭」，正在徵求七萬五千名志工擔任公民檔案專員，協助解開數千條戰爭過程中發送的電報訊息。透過這些蒐集得來的資訊，可以讓大家對於這場戰爭如何形塑美國，有更多的了解。

想知道自己符不符合公民檔案專員的條件嗎？

到這裡報名吧！

https://www.zooniverse.org/projects/zooniverse/decoding-the-civil-war

▌戰爭的代碼

恩尼格碼密碼機是什麼？為什麼它這麼危險？

恩尼格碼密碼機看起來是個平凡的老式打字機，一點都不凶猛吧？軍隊實在沒什麼好擔心的，對吧？

但是，這個外觀單純的機器，在戰爭中成為德國非常

重要的助力，因為在它的外殼之下，恩尼格碼密碼機根本不是一臺看起來無害的打字機。

簡單來說，恩尼格碼密碼機是一臺加密機器。如果有人想要用恩尼格碼密碼機加密訊息，他們可以用標準鍵盤輸入訊息，就像你用電腦鍵盤打字一樣。不同的是，當你用電腦鍵盤打字時，螢幕會出現你打的字，對吧？但使用恩尼格碼密碼機時，機器的燈板上會亮起另一套字母，那一套字就是密文。操作人員會記下燈板上發亮的字母，抄寫在另一張紙上。現在機密訊息已加密，可以高枕無憂的交由快遞送給收件人了。即使遭敵軍攔截，寄件者也可以確定敵軍無法破解訊息和理解其中的含義。

事實上，德國人極度自信的認為，用恩尼格碼密碼機加密的訊息絕不會被破解。這個加密技術完全牢不可破。恩尼格碼密碼機是他們的祕密武器，會在戰爭中助他們一臂之力。

有很長一段時間，他們是對的。

為了理解恩尼格碼密碼機為什麼這麼強大，我們得偷看一下它的內在。我們發現，恩尼格碼密碼機是一個又大又舊的密碼盤！

不同的是，不像使用了數百年的老式密碼盤，這些密碼盤是用現代科技、電機工程和高等數學製造的。你可以說，邁爾發明的密碼盤有了大進化！

讓我們來看看恩尼格碼密碼機是如何運作的。

你必須知道的第一件事是，你需要一臺恩尼格碼密碼機來加密訊息，以及另一臺一模一樣的密碼機來解密。在二次世界大戰期間，德國人有很多臺恩尼格碼密碼機散布在戰場上。

德軍正在戰場上使用恩尼格碼密碼機。

恩尼格碼密碼機的核心是三個密碼盤，共同運作製造出非常強的密文。如果一個密碼盤就能把訊息加密得很好，你可以想像三個密碼盤一起運作時，可以創造出更難破解的密碼。這就是恩尼格

碼密碼機背後的概念。事實上，這臺機器更新的版本，則是使用了五個密碼盤。愈多密碼盤就愈強！

恩尼格碼密碼機使用的密碼盤稱為「攪亂器」。

攪亂器是恩尼格碼密碼機的神奇之處。在訊息被加密之前，三個攪亂器都必須設置在一個精確的起始位置。記住，必須有兩臺恩尼格碼密碼機才能通訊，一臺負責加密，另一臺負責解密。在較早期的密碼機中，加密和解密的機器必須有完全相同的起始位置。這些位置可以被視為訊息加密和解密的密鑰。它們被記錄在碼簿中，受到嚴密的保護，只提供給加密和解密恩尼格碼訊息的人。碼簿非常祕密的分配出去。碼簿非常重要，有時候會用可溶的墨水來印刷。如果德國人懷疑敵軍正在接近，只要倒水在碼簿頁面上，就能洗掉所有內容，來保護寶貴的碼簿資訊。

三個攪亂器的起始位置有多少種不同的可能組合呢？每個攪亂器有二十六個不同的起始位置，對應德文的二十六個字母。因此配置第一個攪亂器的方式有二十六種，第二個攪亂器也有二十六種，第三個攪亂器也有二十六種。全部算起來，就是：

26 × 26 × 26 = 17,576

可能的起始位置有好多種！你可以明白為什麼猜測密鑰並不是很實際的方式。

如果一個迫切的敵方特務想嘗試所有 17,576 種可能的密鑰會如何呢？嗯，如果他夜以繼日的工作，測試完所有的組合，可能要耗費兩週的時間。到那時候，密鑰就改了。密鑰每天都會改，然後他又得從頭來過。如果現在有二十個迫切的敵軍特務聚在一起，買了一些披薩，分擔工作一起嘗試所有的組合呢？嗯……在這樣的情況下，他們或許可以在一天內破解密碼，重創德軍。

不意外的，恩尼格碼密碼機的設計者認為，17,576 種起始位置並不足夠。他們需要讓恩尼格碼密碼機有更多種起始密鑰。因此，他們增加了一個功能，讓三個攪亂器混合組成不同的配置。沒錯，他們攪亂了攪亂器。一起來搞清楚吧！

三個不同的攪亂器有多少種不同的排列方式呢？讓我們來看看。以下是恩尼格碼密碼機中，三個攪亂器的示意圖。

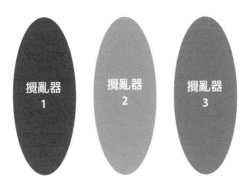

不過，攪亂器也可能以下列任何一種順序排列：

現在你可以看見，三種不同的攪亂器共有六種可能的排列方式。這會如何改變恩尼格碼密碼機可能的密鑰數量呢？我們需要再計算一下。透過攪亂器可能的六種排列，現在計算可能的起始位置數量的算式如下：

$$26 \times 26 \times 26 \times 6 = 105,456$$

可能的密鑰有超多種！要猜出密鑰實在是非常困難，但並非不可能。因此恩尼格碼密碼機的設計者必須再增加破解的難度。

我們只講了三個攪亂器的起始位置而已。隱藏在恩尼格碼密碼機中的神祕之處是個聰明的小詭計：每加密完一個字母，攪亂器就會轉動！

它的運作方式如下：每次操作人員按下鍵盤上的字母，電子訊號會流經恩尼格碼密碼機的攪亂器。接著燈板上會亮起密文字母，操作人員則將密文字母快速抄寫在紙上。接著，恩尼格碼密碼機中的第一個攪亂器會轉一格。因此，如果操作人員再次按下完全相同的字母，電子訊號再次流經攪亂器，但燈板上會亮起一個不同的密文字母。事實上，如果操作人員不斷輸入同樣的字母，這個字母每一次都會

以不同的方式加密，因此燈板上會亮起不同的字母。

　　很輕易就能看出，這讓解密者的工作變得多麼困難。

　　不過，這還只是第一步。恩尼格碼密碼機的設計者很快又增添了更多讓加密過程更隨機和更複雜的方法。經過所有的強化，單一恩尼格碼密碼機的密鑰就有超過一萬兆（10^{16}）種不同的配置。有了這麼多種可能的組合，德國人非常有自信，認為透過恩尼格碼密碼機加密的通訊絕不可能被敵軍攔截和破解。他們完全正確。即使同盟國的軍隊能夠取得恩尼格碼密碼機，在沒有碼簿的狀態下，還是無法破解德軍的訊息，除非他們願意嘗試一萬兆種密鑰。他們願意嗎？保證願意！他們有嘗試嗎？當然有。但還是沒辦法破解訊息。真的需要德軍手上寫了密鑰的碼簿，或是……

▌突破不可能

　　戰爭初期，有一群各有專長的人聚集在英國倫敦附近的布萊切利園，那裡是一所密碼學校[8]。這個多元的組合

---

8. 全名叫作「政府密碼學校」（Government Code and Cypher School, GC&CS），是由英國陸軍和海軍情報部門合併成的機構。一九四六年，改組更名為「政府通訊總部」（Government Communications Headquarters, GCHQ）。

包括數學家、密碼學家、西洋棋手、填字遊戲迷，以及許多其他領域的專家。這群人的目標是什麼呢？拆解全世界有史以來最強大的密碼機。沒什麼壓力吧？

布萊切利園的

艾倫·圖靈

團隊是由超級天才艾倫·圖靈領軍，他們利用了恩尼格碼密碼機牢不可破系統外的一個重大缺陷：恩尼格碼密碼機必須由人操作，而人類具有習慣性。

圖靈提出了以下問題：

由於恩尼格碼密碼機仰賴人類操作，那麼人類的習慣會不會滲入恩尼格碼加密的訊息中呢？這些習慣能不能提供線索，幫助我們破解密碼呢？

幸運的布萊切利園，這些問題的答案是肯定的。

現在假裝你是德國特務，負責向前線提供天氣預報。

氣候對軍事行動有很重要的影響。如果在祕密行動中意外刮起暴風雨，可能會妨害整個任務。由於你的工作是傳送每日天氣預報，可以假設你每天的報告會有相似的形式。舉例來說，你每天的報告開頭可能會是：

To: The Front Lines（給：前線）

Subject: Weather Report（標題：天氣預報）

經過恩尼格碼密碼機加密後，訊息可能會看起來像這樣：

BG: FRE LPSDQ MZOJD

QUALPR: AXBQJDF PLANTU

一開始，某個人攔截了這則訊息，沒辦法解讀它的意思。但如果同一個人知道你每天傳送的訊息都是天氣預報，即使沒有密鑰，他們或許可以從中找到一些線索，幫助他們破解訊息。

舉例來說，他們或許會猜測「weather」（天氣）

這個字可能出現在訊息的某個地方，甚至大概可以知道「weather」出現在訊息中的什麼位置。

這種類型的線索稱為「**候選單字**」（cribs）。即使候選單字是非常小的線索，也足夠讓布萊切利園團隊從此處開始。如果他們知道 AXBQJDF 可能代表「weather」這個字，接下來他們所要做的就是釐清製造出這段密文的恩尼格碼密碼機的設定是什麼。這代表他們必須測試所有可能的組合，直到其中一組設定可以將 WEATHER 轉譯成 AXBQJDF。很簡單吧？才怪。別忘了，可能的設定組合有一萬兆種。

不過，有線索總比沒線索好。

圖靈和布萊切利園團隊開始拆解幾百條攔截下來的訊息，從中尋找相同的候選單字。這個工作花了大家很多力氣，但在拼湊許多線索及運用大量工程學的幫助下，他們最終得以破解恩尼格碼密碼機加密的訊息。

到了一九四五年，幾乎所有德國的恩尼格碼通訊都能在一天或兩天內被英國破解。德國人不知道恩尼格碼密碼機被破解了，因此持續在戰爭中透過恩尼格碼密碼機傳送訊息，並不知道敵軍正在讀取他們的機密通訊。這個歷史

性的成就最終扭轉了戰爭的風向，阻止了德軍。許多人都同意，第二次世界大戰不只是戰場上的軍人打贏的，還包括了破解密碼的工程師。

密碼學真的能載舟亦能覆舟。

▍炸毀戰爭的「炸彈機」

為了破解恩尼格碼密碼機加密的訊息，布萊切利園的工程師首先必須尋找訊息裡的線索。這些線索稱為候選單字。但即使有了這些候選單字，要找到密鑰來破解整段訊息還是非常困難。因為密鑰有超過一萬兆種可能，光靠紙筆來測試每一種可能的密鑰，實在太費力了。

為了解決這個問題，圖靈發明了一臺機器，叫作「炸彈機」（Bombe）。

當候選單字確認後，他們會將這些資訊輸入炸彈機。有了這些資訊，炸彈機能夠快速確認所有剩餘密鑰的可能性。炸彈機是透過同時模仿多臺恩尼格碼密碼機的運作，嘗試所有可能的密鑰選項，直到找到正確的密鑰。

最終，靠著非手動測試數十億種可能的密鑰，快速破解恩尼格碼訊息的方法誕生了！

戰爭的最後，幾乎所有炸彈機都被摧毀，因為英國想要讓發生在布萊切利園的所有事情成為最高機密。多年後，當政府決定終於可以開始慶祝時，才製造了炸彈機的複製品，放置在布萊切利博物館中。

布萊切利園所使用的炸彈機。

日本攻擊珍珠港，最終讓美國參與了第二次世界大戰。

美國了解到，他們需要一個保密訊息的方式，避免受到日本敵軍的侵害。當然，在戰爭過程中，美國人使用了許多加密技術，但是加密訊息要花很多時間和心力。如果美國軍隊想要快速傳送指令，他們必須尋找另一種方法。

為了達成這個目標，他們向美洲原住民尋求幫助，尤其是納瓦荷族。

納瓦荷族語並不廣為人知。事實上，據信在非納瓦荷族的人中，只有三十個人懂這個語言。這使它成為了絕佳的祕密代碼。

納瓦荷族及其他三十二個部落成員，被徵召或召募進海軍，培訓作為「**口傳密碼者**」（code talker）。他們的工作是透過電話和廣播傳送軍事情報。在攻占硫磺島期間，六位納瓦荷族的口傳密碼者傳送了超過八百則訊息。沒有一則訊息被敵軍破解。如果不是這些口傳密碼者，海軍絕對不可能拿下硫磺島。

戰爭過後，這些口傳密碼者仍視他們的工作為最高機密。因此，幾乎沒有人知道美洲原住民在戰爭時扮演了獲勝的關鍵角色。直到二〇〇一年，美國小布希總統頒發國會金質獎章給了四位倖存的初代口傳密碼者，大眾才首度知曉他們的貢獻。

密碼英雄：不被看見的密碼學家

　　阿林頓廳女子專科學校於一九二七年設立。這是一所私立女子學校，但並沒有存在很久。一九四二年，美國政府關閉了該校，取得建築物的使用權，轉用於軍事行動。原本在學校擔任服務生的威廉‧科菲，後來被聘任為陸軍通訊情報部（SIS）的工友。

　　一九四四年，當 SIS 被要求增加員工的多樣性時，一位經理向一位黑人男性尋求幫助，這名黑人就是科菲。科菲在招募優秀黑人員工這件事上做得很好，最

科菲因在戰爭期間的服務而接受獎章。

終他負責帶領這整個團隊。到了一九四五年，科菲帶領了三十個人。他們的工作是什麼呢？負責處理外國的加密訊息。在戰爭早期，科菲團隊解密的大部分訊息都與國際業務有關，尤其是美國在戰時的兩大敵人——德國與日本之間的訊息。這個團隊負責過濾海量的訊息，從中尋找任何可能對戰爭有益的內容。

由於吉姆‧克勞法[9]強迫黑人員工與白人隔離，科菲的團隊並未與阿林頓廳的白人員工有過任何互動。這群密碼分析師孜孜不倦的工作，保護美國的安全，卻被禁止與白人同事使用相同的餐廳、休息室或浴室。對政府來說，與科菲一起工作的密碼分析師非

---

9. 吉姆‧克勞法是指美國南部各州於一八七〇年代開始，針對有色人種實施種族隔離制度的法律，直到一九六五年才被廢止。

常重要，但是幾乎不被看見。二戰期間，大部分在阿林頓廳工作的白人員工，並不知道有黑人密碼分析團隊的存在。

一九四六年，科菲獲頒功勳文職服務獎。他在政府從事密碼學工作直到退休。

密碼英雄：戰爭中的女性

在珍珠港遇襲的前幾個月，在美國最負盛名的女子學院就讀的年輕女性，信箱裡出現了神祕信件。這些信件是面試邀請信。

面試時只會問兩個問題：

1. 你喜歡填字遊戲嗎？

2. 你訂婚了嗎？

如果這些女性回答：對，她們喜歡填字遊戲；以及不，她們沒有訂婚，接著就會參加一場祕密會議。會議中，她們可以得到美國軍方提供的工作機會，擔任密碼分析師。如果同意繼續參與計畫，就會接受解密技術的訓練。只有一個條件，不能將這個計畫告訴任何人，不管是爸媽還是朋友。

　　原來，當年輕男性在海外戰場上，美軍迫切需要受過教育、聰明的女性來協助支援戰爭。他們招募班上最優秀的女性加入祕密行動。戰爭時，至少有一萬名女性解密者。她們破譯了敵軍戰略、戰場傷亡、未決攻擊、補給需求等訊息。一直以來，這些女性保守著祕密。沒人知道她們的工作是什麼。絕大多數的朋友和家人都以為她們是祕書或清潔人員。

　　行動持續到二戰結束。這些祕密努力工作的女性，戰後被整併進現在的美國國家安全局（NSA）中。

密碼英雄：信鴿

　　二〇一二年，英國一名屋主在清理自家煙囪時，發現了一個不可思議的東西。

　　那名屋主除了找到很多樹枝、枯葉和其他殘骸，還發現了一隻鴿子的遺骸。但那並不是一隻普通的鴿子。這隻鴿子是二戰時的信鴿。歷史學家相信這隻勇敢的小鳥當時正在執行傳遞訊息的任務，從被納粹占領的法國同盟軍那裡，將訊息帶回英國。

　　遺憾的是，這隻勇敢的鴿子間諜沒有抵達目的地。牠似乎是決定停下來喘口氣，再繼續牠漫長的旅程，然而，哎呦喂！牠從停棲的地方墜落，跌進煙囪裡。這隻羽翼英雄在此長眠，腳上仍繫著重要訊息。

　　二戰結束將近七十年後，這個機密訊息終於被找到。它一直安然無恙的藏在鴿子遺骸上綁著的紅色管子裡。

　　問題是，這個訊息是以密碼寫成，沒有人能理解它的內容。直到今天，這組鴿子密碼都還沒被破解。

　　信鴿在戰爭中是非常重要的士兵，因為牠們能以時速八十英里的速度飛行，飛行距離可達七百英里。

在鴿子腳上發現的密碼。

相當於現代的汽車消耗兩桶汽油行駛的距離！英國軍隊在二戰期間訓練了二十五萬隻鳥，作為國家鴿局的成員。加入軍隊並完成訓練後，這些間諜鴿會被裝上迷你降落傘，投放到敵軍的領土上。軍隊拾起這些鳥，把機密訊息放進紅色容器，綁在牠們的腳上。接下來這些鳥會被釋放，讓牠們飛回家，將重要訊息帶回去。有些鴿子甚至被套上小型相機，就可以在飛回家的旅途中拍下敵軍位置的空拍照。

解密挑戰

愛麗絲傳了一則加密訊息給你。

f al klq qorpq bsb. vlr pelria klq qorpq ebo bfqebo. jbbq xq ifyoxov xcqbo pzelli?

你知道她是利用密碼盤加密訊息。先前你已經取得一樣的密鑰，因此只要將密碼盤設置在正確位置，就能破解愛麗絲的訊息。你的密鑰設置如下：

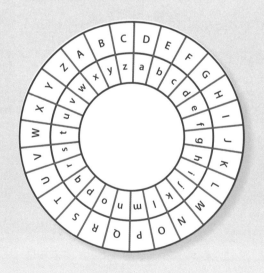

愛麗絲的訊息告訴你什麼呢？

提示：外圈是明文，內圈是密文。

解碼科學好好玩

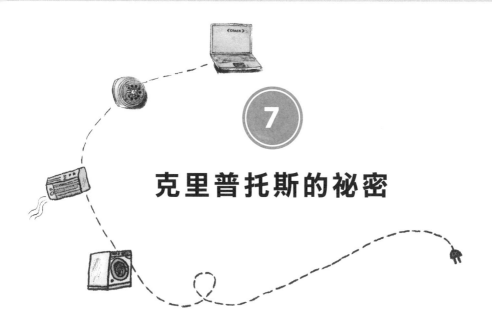

7

克里普托斯的祕密

謎之雕塑

對鮑伯和愛麗絲這種想要將資訊保密，不讓八卦的偷聽者（例如伊芙）知道的人來說，密碼十分好用。但是密碼學不只是讓人偷偷在班級中傳遞含有最新八卦消息的紙條，全世界的國家都仰賴密碼學來保護公民的安全。

美國政府使用最先進的加密技術將所有最機密的資訊加密，確保沒有人能觸及。這些密碼不是靠紙筆完成的。它們非常複雜、非常先進，必須使用功能強大的電腦。這樣一來，即使駭客能以某種方式破解政府的安全系統、找

到這些機密文字，政府也能完全確保駭客就算使用最先進的解密技術，也無法輕易破解。

　　或許是為了證明美國政府有多麼重視密碼學，在美國最重要的政府總部之一「中央情報局」（CIA）前的廣場，眾目睽睽的豎立著一個最知名的未解密碼。一個好的間諜組織，需要頂尖的密碼學家和密碼分析師保護我們的祕密，並竊取敵人的機密。目前有數百位全世界最聰明的解密者，每天都在美國維吉尼亞州朗里的 CIA 總部工作，卻沒有任何一個人能夠破解「克里普托斯」（Kryptos）的祕密。

　　誰是這個令人困惑的密碼學之謎背後的首腦呢？一定是對數學、科學、工程非常擅長的編碼專家囉？錯。克里普托斯的創作者是……一位有天分的藝術家，更明確的說，是一位雕

克里普托斯（kryptos）

在希臘文中，
意思是「隱藏」。

塑家，名為吉姆‧森波恩。而這個困擾解密者超過二十年的謎，是一座十英尺高的銅製雕塑。克里普托斯建造於一九九〇年，坐落於 CIA 總部的中庭。它的形狀像卷軸，包含了 1,735 個英文字母，都是密碼。

克里普托斯密碼分為四個部分，前三個部分已經被破解，但是第四部分仍然是個謎。

▋解開謎題

克里普托斯雕塑坐落於 CIA 總部。

克里普托斯的前三部分是由 CIA 的員工大衛‧史坦所破解，他花了將近四百小時的午餐時間來解開這個謎題。史坦只靠紙筆破解密碼。他花了將近八年才解開前三部分，但 CIA 沒有將他破解密碼的事告訴任何人。這讓一位加州的電腦科學家詹姆斯‧吉羅格利在一年後奪走了解密的光環，他昭告天下自己已經破解了前三部分。唯一的區別是什麼呢？與史坦不同，吉羅格利用的是電腦。

那麼克里普托斯是如何被破解的呢？最難的地方是找到密鑰。在第一部分中，必須有兩個密鑰單字才能破解密碼。第一個密鑰單字是「kryptos」。不必是天才，就能知道為什麼森波恩選擇「kryptos」當作第一個密鑰單字。第二個密鑰單字是「palimpsest」（覆蓋書寫本）。這個單字沒那麼顯而易見。

　　覆蓋書寫本？那是什麼意思呢？

　　字典對這個單字的定義如下：

名詞

一張羊皮紙或類似的材料，上面的書寫內容局部

或全部被擦去，以騰出空間寫下其他內容。

　　擦去內文，並用新的文字取代？這聽起來就像是密碼學專家最感興趣的事。別忘了克里普托斯本身就像個古代的卷軸。或許它就是覆蓋書寫本？

　　現在你知道兩個密鑰單字分別是「kryptos」和「palimpsest」了，那麼就能輕易破解密碼了吧？嗯，其實不然。那只是解密的一小塊拼圖而已。下一步，你必須

將密鑰輸入名為「維吉尼亞密碼」的密碼學演算法並執行。想知道維吉尼亞密碼如何運作嗎？翻到本章最後面的「解密挑戰」，看克里普托斯的第一部分是如何被破解就知道了。

這個懸念一定快折磨死你了吧！我知道你超想知道答案，所以讓我們直接跳到最後。密碼破解後如下：

在微影和無光之間存著幻覺的微妙之處。

Between subtle shading and the absence of light lies the nuance of iqlusion.

啊！

這是什麼意思？

你會注意到「illusion」（幻覺）這個字被拼錯成「iqlusion」。人們認為這是藝術家森波恩故意的，這個單字可能是能幫助破解克里普托斯其他部分的密鑰。

克里普托斯的祕密

113

隨著密碼學的發展，編碼者發現了讓加密訊息更難破解的方法，但解密者持續找到更進步的方法來破解它們。

有確保祕密安全的方法嗎？

有無法破解的密碼嗎？

近三百年來，答案都是肯定的。解決所有編碼者難題的解方是「**維吉尼亞密碼**」（Vigenère cipher）。

維吉尼亞密碼發展出來時，被譽為一種高明、革命性的加密方法。有很長一段時間，大家都相信維吉尼亞密碼永遠不能破解。

直到它被破解了。

那些解密者就是不放棄。所以編碼者只好重新開始。

即使現在有技術能破解維吉尼亞密碼，但仍然不易破解。這可能是藝術家森波恩決定使用它來製作克里普托斯的原因。

我們知道這個句子是藝術家創作的。對於這個句子可能的意思有許多說法。不少人相信這只是富有詩意的短句，也有人認為它指向隱藏的訊息。他們跟你一樣不知道答案！

為了破解克里普托斯的第二部分，解密者必須找到新的密鑰單字來解開密碼。結果第一個密鑰跟第一部分一樣是「kryptos」，但第二個密鑰單字是「abscissa」（橫座標）。橫座標是什麼？它是一個數學概念，與平面上的距離有關。密碼學家熱愛數學！

破解密碼，揭開了以下令人困惑的訊息：

這完全隱形了。但怎麼可能呢？他們運用了地球的磁場。x 收集到的訊息從地底被傳送到未知的位置。x 朗里知道答案嗎？他們應該知道：它就被埋在某處。x 誰知道確切的位置呢？只有 WW 知道。這是他最後的訊息。x 北緯 38 度 57 分 6.5 秒，西經 77 度 8 分 44 秒。x 第二層。

It was totally invisible. How's that possible? They used the earth's magnetic field. x The information was gathered and transmitted undergruund to an unknown location. x Does Langley know about this? They should: it's buried out there somewhere. x Who knows the exact location? Only WW. This was his last message. x Thirty eight degrees fifty seven minutes six point five seconds north, seventy seven degrees eight minutes forty four seconds west. x Layer two.

很令人困惑，不是嗎？

這個訊息很明顯是被設計成類似情報單位的間諜電報，畢竟想出謎題的對象是 CIA，所以也滿合理的。

為了幫助大家理解這則訊息，你可以假定 x 是用來切斷句子的，就像句點一樣，標示出句子的結束位置。但這個幫助著實很小。你或許已經注意到「underground」（地底）這個字被誤拼成了「undergruund」。你可以假設森波恩是故意拼錯的。這可能是個重要線索，但沒有人發覺其中的原因。這則訊息還指出「被埋在某處」。森波恩是不是在朗里的 CIA 總部的地底某處埋了某個東

西？確實有可能。有許多記者曾經問過森波恩這個問題，但他什麼都沒說（他確實分享了一些關於他的人生和興趣的細節。你可以從後面有關他的介紹中尋找到一些可能的線索）。

破譯的訊息聲稱只有「WW」知道確切的地點。WW是誰呢？大部分的人相信，破譯訊息中指的WW是威廉·韋伯斯特，他是CIA前任局長。森波恩曾被要求提供謎團解法給韋伯斯特。在克里普托斯的揭幕典禮上，森波恩將一個用蠟封好的信封交給韋伯斯特，這封信中應該有解開謎題的方法。CIA向森波恩保證，他們將密封解答的信放在保險庫裡，從未打開。嗯，森波恩認為，如果CIA遵守承諾，沒有打開信封，那假如森波恩沒有將解答放入信封，又有什麼差別呢？而他真的這麼做了。他耍了CIA！森波恩證實了這點，除了他以外，沒有人知道克里普托斯的解法。

那麼，解密訊息中提到的座標「北緯38度57分6.5秒，西經77度8分44秒」又該如何解釋呢？這個座標位於雕塑東南方約150英尺。是不是表示這個位置埋了某個東西？沒人知道。可能嗎？當然！但這不代表任何公民都

可以帶著鏟子走進 CIA 最機密的總部挖挖看，看看可以找到什麼東西。

如果某個在 CIA 工作的人真的嘗試在挖掘，也真的找到某樣東西，他們也不會說出來。別忘了，CIA 熱愛他們的祕密。

克里普托斯的第三部分是利用轉位技術解密的。把字母重組，直到訊息浮現。第三部分比前兩部分還複雜難解得多，但靠著一些敏銳的密碼分析師，所破解的訊息如下：

緩慢、極度緩慢的，擋住門口下方的瓦礫殘骸被移走了。我用顫抖的手，在左上角挖了一個小缺口。接著將洞弄得大一點，把蠟燭放進去查看。從墓穴逸散的熱氣使火焰閃爍，墓穴的細節從煙霧中浮現。x 你可以看見什麼嗎？

Slowly, desparatly slowly, the remains of passage debris that encumbered the lower part of the doorway was removed. With trembling hands I made a tiny breach in the upper left-hand corner.

And then, widening the hole a little, I inserted the candle and peered in. The hot air escaping from the chamber caused the flame to flicker, but presently details of the room within emerged from the mist. x Can you see anything q?

這段文字是考古學家霍爾德·卡特在發現圖坦卡門陵墓那一天所寫的日記。

你知道為什麼一個開啟埃及法老陵墓的敘述這麼重要嗎？有些人相信這是發現奇觀的隱喻，就像是解密者破解克里普托斯的旅程一樣。另一些人認為這段文字，或是卡特的日記，將是破解克里普托斯未解部分的密鑰。但大家都只是猜測而已。

你銳利的解密雙眼是不是有注意到「desperately」（極度）被拼錯了呢？是不小心的嗎？應該不是。根據紀錄，克里普托斯的三個部分共有三個拼錯的單字。那不可能是巧合吧？

這些拼錯的字能告訴我們什麼呢？代表森波恩很粗心嗎？只是個錯字王嗎？

克里普托斯	拼寫錯誤的單字	正確的單字
1	iqlusion	illusion
2	undergruund	underground
3	desparatly	desperately

絕對不是。

這些或許藏有幫助我們解開克里普托斯之謎的重要線索。

克里普托斯第四段落的謎團,直到現在還未解開。森波恩證實他設計的第四部分是克里普托斯目前為止最複雜難解的。第四部分只有九十七個字母,由於沒有足夠的密文字母可以讓人找出其中的模式,所以更加難解。其中勢必有破解的方法,但到現在都沒人想出來。你想得到嗎?密文如下:

O B K R U O X O G H U L B S O L I F B B W F L R V Q

Q P R N G K S S O T W T Q S J Q S S E K Z Z W A T J

K L U D I A W I N F B N Y P V T T M Z F P K W G D K

Z X T J C D I G K U H U A U E K C A R

或許是等待解密者破解第四部分，讓森波恩開始感到疲累，所以二〇一〇年，他釋出了一個重要線索，希望對解密者能有點幫助。森波恩公布了密文第 64 到 69 字「NYPVTT」破解的明文是德國的首都「Berlin」（柏林）。

這位神祕男子是什麼人？

　　吉姆‧森波恩是一對藝術家的兒子，在對密碼學一無所知的環境下成長。學生時代的數學甚至沒有很好。高中時期，還需要請家教來幫助他完成數學

藝術家森波恩

課程，幾何學例外。不令人意外，這位初生的雕塑家熱愛形狀背後的數學。

　　長大過程中，森波恩對科學很感興趣。他甚至曾試著在地下室建造一臺迴旋粒子加速器，但後來明智

的意識到，投入太多時間在核能興趣上，可能不是安全的主意。他將對科學的興趣轉向電力實驗。森波恩的其他興趣包括考古學和古生物學。森波恩說他在青少年時期，曾挖掘到許多大型恐龍骨骼，並捐給了史密森尼學會[10]。森波恩想要利用藝術來探究這些興趣，於是決定取得雕塑的大學文憑。

那麼，森波恩這個毫無密碼或密碼學背景的男人，是如何建造出這個令人困惑的密碼學之謎呢？

當森波恩受邀設計一件值得放在 CIA 總部的藝術作品時，他決定將謎題的概念融入作品，因為人們對 CIA 的認知就是謎團、詭計、間諜和神祕代碼。由於森波恩本身不了解密碼學，他請他的朋友愛德華・沙伊特幫忙。沙伊特是從 CIA 退休的密碼學家，知道一些密碼學知識，並分享給森波恩。

但是就連沙伊特也不知道克里普托斯的破解法。

如今，森波恩定居在華盛頓特區，人們總是一直來問他克里普托斯的解答。

森波恩從未透露。

---

10. 史密森尼學會是由美國政府資助的博物館與研究機構聯合組織，包含十九座博物館和九個研究中心等。

這個重要線索應該能讓事情有點進展吧？

並沒有。

又過了毫無進展的四年，森波恩提供了另一個線索。接下來的五個密文字母「MZFPK」破譯後是「clock」（時鐘）。

這個最後的線索一定給了解密者強大的推力來破解密碼，準沒錯吧？

不。還是沒有。

對於森波恩提供的克里普托斯第四部分的線索「柏林時鐘」，解密者找了很多可能的相關理論。

森波恩曾在採訪中提到，一九八九年德國柏林圍牆倒塌，對當時正在設計克里普托斯的他來說是個大事件。這個柏林的資訊與第三部分破譯得到的經緯座標結合，可能指的是 CIA 園區裡柏林圍牆紀念碑的所在地。

那麼時鐘呢？柏林時鐘也稱為「集合論時鐘」（The Set Theory Clock），它本身就是一個代碼。它用發光的彩色格子取代數字來表示時間，需要複雜的計算才能知道現在的時間。

又是數學！

所以說，為什麼第四部分這麼難解？森波恩說，克里普托斯的第四部分使用的加密技術比其他部分強很多。單純是個更難解開的密碼。森波恩證實，有少數人已經解開了訊息的開頭，但他們的解方延續到後面就無效了。他也聲明，由於電腦愈來愈厲害，最終一定有人能完全解開訊息，只是時間遲早而已。

　　如果這個密碼一直沒解開，森波恩還是會釋出新的線索。至於會等多久才提供新線索呢？他也不確定。反正是他覺得最合適的時間就對了。克里普托斯現在只剩下八十六個密文字母等待破解中。

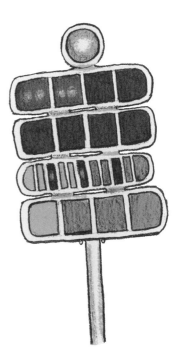

解密挑戰

準備像 CIA 的探員一樣，解開克里普托斯之謎了嗎？

記住，第一部分的密鑰單字是「kryptos」和「palimpsest」。

讓我們來看看，如何用這兩個單字解開雕塑的第一部分。別忘了，這個部分讓美國最聰明的密碼分析師花了八年才解開謎題。開始吧！

第一部分的密文如下：

EMUFPHZLRFAXYUSDJKZLDKRN

SHGNFIVJ

YQTQUXQBQVYUVLLTREVJYQT

MKYRDMFD

為了開始破譯，我們重新謄寫一次密文，並在密文上方反覆寫下密鑰單字「palimpsest」。

```
P A L I M P S E S T P A L I M P S E S T P A L I M P S E S T P A
E M U F P H Z L R F A X Y U S D J K Z L D K R N S H G N F I V J

L I M P S E S T P A L I M P S E S T P A L I M P S E S T P A L
Y Q T Q U X Q B Q V Y U V L L T R E V J Y Q T M K Y R D M F D
```

下一步，我們要建立維吉尼亞方陣，那是由字母組成的大型方格。使用第二個密鑰「kryptos」來建立維吉尼亞方陣。

看起來像這樣：

> **步驟一：**
> 注意！密鑰
> 「kryptos」
> 在這裡。

K	R	Y	P	T	O	S	A	B	C	D	E	F	G	H	I	J	L	M	N	Q	U	V	W	X	Z
R	Y	P	T	O	S	A	B	C	D	E	F	G	H	I	J	L	M	N	Q	U	V	W	X	Z	K
Y	P	T	O	S	A	B	C	D	E	F	G	H	I	J	L	M	N	Q	U	V	W	X	Z	K	R
P	T	O	S	A	B	C	D	E	F	G	H	I	J	L	M	N	Q	U	V	W	X	Z	K	R	Y
T	O	S	A	B	C	D	E	F	G	H	I	J	L	M	N	Q	U	V	W	X	Z	K	R	Y	P
O	S	A	B	C	D	E	F	G	H	I	J	L	M	N	Q	U	V	W	X	Z	K	R	Y	P	T
S	A	B	C	D	E	F	G	H	I	J	L	M	N	Q	U	V	W	X	Z	K	R	Y	P	T	O
A	B	C	D	E	F	G	H	I	J	L	M	N	Q	U	V	W	X	Z	K	R	Y	P	T	O	S
B	C	D	E	F	G	H	I	J	L	M	N	Q	U	V	W	X	Z	K	R	Y	P	T	O	S	A
C	D	E	F	G	H	I	J	L	M	N	Q	U	V	W	X	Z	K	R	Y	P	T	O	S	A	B
D	E	F	G	H	I	J	L	M	N	Q	U	V	W	X	Z	K	R	Y	P	T	O	S	A	B	C
E	F	G	H	I	J	L	M	N	Q	U	V	W	X	Z	K	R	Y	P	T	O	S	A	B	C	D
F	G	H	I	J	L	M	N	Q	U	V	W	X	Z	K	R	Y	P	T	O	S	A	B	C	D	E
G	H	I	J	L	M	N	Q	U	V	W	X	Z	K	R	Y	P	T	O	S	A	B	C	D	E	F
H	I	J	L	M	N	Q	U	V	W	X	Z	K	R	Y	P	T	O	S	A	B	C	D	E	F	G
I	J	L	M	N	Q	U	V	W	X	Z	K	R	Y	P	T	O	S	A	B	C	D	E	F	G	H
J	L	M	N	Q	U	V	W	X	Z	K	R	Y	P	T	O	S	A	B	C	D	E	F	G	H	I
L	M	N	Q	U	V	W	X	Z	K	R	Y	P	T	O	S	A	B	C	D	E	F	G	H	I	J
M	N	Q	U	V	W	X	Z	K	R	Y	P	T	O	S	A	B	C	D	E	F	G	H	I	J	K
N	Q	U	V	W	X	Z	K	R	Y	P	T	O	S	A	B	C	D	E	F	G	H	I	J	K	L
Q	U	V	W	X	Z	K	R	Y	P	T	O	S	A	B	C	D	E	F	G	H	I	J	K	L	M
U	V	W	X	Z	K	R	Y	P	T	O	S	A	B	C	D	E	F	G	H	I	J	K	L	M	N
V	W	X	Z	K	R	Y	P	T	O	S	A	B	C	D	E	F	G	H	I	J	K	L	M	N	O
W	X	Z	K	R	Y	P	T	O	S	A	B	C	D	E	F	G	H	I	J	K	L	M	N	O	P
X	Z	K	R	Y	P	T	O	S	A	B	C	D	E	F	G	H	I	J	K	L	M	N	O	P	Q
Z	K	R	Y	P	T	O	S	A	B	C	D	E	F	G	H	I	J	K	L	M	N	O	P	Q	R

解碼科學好好玩

現在我們要開始破譯密碼了。

```
P A L I M P S E S T P A L I M P S E S T P A L I M P S E S T P A
E M U F P H Z L R F A X Y U S D J K Z L D K R N S H G N F I V J

L I M P S E S T P A L I M P S E S T P A L I M P S E S T P A L
Y Q T Q U X Q B Q V Y U V L L T R E V J Y Q T M K Y R D M F D
```

密鑰「palimpsest」的第一個字母是 P，對應的密文字母是 E。我們必須從方陣的最左行，找到字母 P，再沿著那一列找到字母 E。在最上面一列，與最左行交叉對應出 E 的那個字母，就是明文字母。因此解密訊息的第一個字母是 B。

步驟三：
往上移動，找出讓兩個字母相交於 E 的那一行。這個字母是 B。

步驟一：
找到密鑰的第一個字母「P」。

步驟二：
沿著這一列尋找密文的第一個字母 E，然後停下來。

```
K R Y P T O S A B C D E F G H I J L M N Q U V W X Z
R Y P T O S A B C D E F G H I J L M N Q U V W X Z K
Y P T O S A B C D E F G H I J L M N Q U V W X Z K R
P T O S A B C D E F G H I J L M N Q U V W X Z K R Y
  T O S A B C D E F G H I J L M N Q U V W X Z K R Y P
    A B C D E F G H I J L M N Q U V W X Z K R Y P T O S
      B C D E F G H I J L M N Q U V W X Z K R Y P T O S A
        C D E F G H I J L M N Q U V W X Z K R Y P T O S A B
          D E F G H I J L M N Q U V W X Z K R Y P T O S A B C
            E F G H I J L M N Q U V W X Z K R Y P T O S A B C D
              F G H I J L M N Q U V W X Z K R Y P T O S A B C D E
F G H I J L M N Q U V W X Z K R Y P T O S A B C D E
G H I J L M N Q U V W X Z K R Y P T O S A B C D E F
H I J L M N Q U V W X Z K R Y P T O S A B C D E F G
I J L M N Q U V W X Z K R Y P T O S A B C D E F G H
J L M N Q U V W X Z K R Y P T O S A B C D E F G H I
L M N Q U V W X Z K R Y P T O S A B C D E F G H I J
M N Q U V W X Z K R Y P T O S A B C D E F G H I J L
N Q U V W X Z K R Y P T O S A B C D E F G H I J L K L
Q U V W X Z K R Y P T O S A B C D E F G H I J L K L M
U V W X Z K R Y P T O S A B C D E F G H I J L K L M N
V W X Z K R Y P T O S A B C D E F G H I J K L M N O
W X Z K R Y P T O S A B C D E F G H I J K L M N O P Q
X Z K R Y P T O S A B C D E F G H I J K L M N O P Q R
Z K R Y P T O S A B C D E F G H I J K L M N O P Q R
```

現在你已經揭開密碼的第一個字母了。恭喜！

試著用一樣的方法解開第二個字母。

P A L I M P S E S T P A L I M P S E S T P A L I M P S E S T P A
E M U F P H Z L R F A X Y U S D J K Z L D K R N S H G N F I V J

L I M P S E S T P A L I M P S E S T P A L I M P S E S T P A L
Y Q T Q U X Q B Q V Y U V L L T R E V J Y Q T M K Y R D M F D

密鑰的第二個字母是 A，對應的密文字母是 M。我們在方陣的最左行找到 A，沿著那一列找到字母 M。它在最上列的字母 E 往下延伸相交的位置。

K	R	Y	P	T	O	S	A	B	C	D	E	F	G	H	I	J	L	M	N	Q	U	V	W	X	Z
R	Y	P	T	O	S	A	B	C	D	E	F		I	J	L	M	N	Q	U	V	W	X	Z	K
Y	P	T	O	S	A	B	C	D	E	F	G			V	W	X	Z	K	R
P	T	O	S	A	B	C	D	E	F	G	H				W	X	Z	K	R	Y
T	O	S	A	B	C	D	E	F	G	H	I	J			X	Z	K	R	Y	P	T
O	S	A	B	C	D	E	F	G	H	I	J		W	X	Z	K	R	Y	P	T
S	A	B	C	D	E	F	G	H	I	J	L	M	X	Z	K	R	Y	P	T	O
A	B	C	D	E	F	G	H	I	J	L	M	K	R	Y	P	T	O	S
B	C	D	E	F	G	H	I	J	L	M	N	Q	U	R	Y	P	T	O	S	A
C	D	E	F	G	H	I	J	L	M	N	Q	U	V	W	K	R	Y	P	T	O	S	A
D	E	F	G	H	I	J	L	M	N	Q	U	V	W	X	Z	K	R	Y	P	T	O	S	A	B	C
E	F	G	H	I	J	L	M	N	Q	U	V	W	X	Z	K	R	Y	P	T	O	S	A	B	C	D
F	G	H	I	J	L	M	N	Q	U	V	W	X	Z	K	R	Y	P	T	O	S	A	B	C	D	E
G	H	I	J	L	M	N	Q	U	V	W	X	Z	K	R	Y	P	T	O	S	A	B	C	D	E	F
H	I	J	L	M	N	Q	U	V	W	X	Z	K	R	Y	P	T	O	S	A	B	C	D	E	F	G
I	J	L	M	N	Q	U	V	W	X	Z	K	R	Y	P	T	O	S	A	B	C	D	E	F	G	H
J	L	M	N	Q	U	V	W	X	Z	K	R	Y	P	T	O	S	A	B	C	D	E	F	G	H	I
L	M	N	Q	U	V	W	X	Z	K	R	Y	P	T	O	S	A	B	C	D	E	F	G	H	I	J
M	N	Q	U	V	W	X	Z	K	R	Y	P	T	O	S	A	B	C	D	E	F	G	H	I	J	K
N	Q	U	V	W	X	Z	K	R	Y	P	T	O	S	A	B	C	D	E	F	G	H	I	J	K	L
Q	U	V	W	X	Z	K	R	Y	P	T	O	S	A	B	C	D	E	F	G	H	I	J	K	L	M
U	V	W	X	Z	K	R	Y	P	T	O	S	A	B	C	D	E	F	G	H	I	J	K	L	M	N
V	W	X	Z	K	R	Y	P	T	O	S	A	B	C	D	E	F	G	H	I	J	K	L	M	N	O
W	X	Z	K	R	Y	P	T	O	S	A	B	C	D	E	F	G	H	I	J	K	L	M	N	O	P
X	Z	K	R	Y	P	T	O	S	A	B	C	D	E	F	G	H	I	J	K	L	M	N	O	P	Q
Z	K	R	Y	P	T	O	S	A	B	C	D	E	F	G	H	I	J	K	L	M	N	O	P	Q	R

步驟一：
這就是答案！

解碼科學好好玩

繼續使用一樣的方法，克里普托斯第一部分解密後的訊息如下：

BETWEEN SUBTLE SHADING AND THE ABSENCE OF

LIGHT LIES THE NUANCE OF IQLUSION

（在微影和無光之間存著幻覺的微妙之處。）

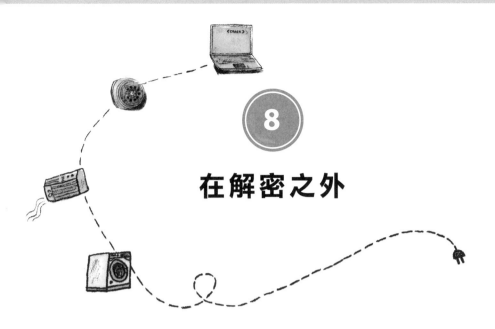

8

在解密之外

▌駭客走開

　　CIA 總部的克里普托斯雕塑對解密者來說不只是個挑戰。重要的是，全世界最難解的密碼就位於美國最優秀的單位之一「CIA」，這件事顯現出美國政府對「**資訊安全**」的重視程度。資訊安全是保護資訊在未經授權下不被存取的所有方法。密碼學是資訊安全的一種形式，還有很多其他的形式。將重要文件放入保險箱，也是資訊安全的形式之一。將日記上鎖，不被妹妹發現你的祕密，也是一種資訊安全的形式。

　　資訊安全不只對政府重要，對每個人都很重要。像銀

行這樣的公司會將資訊安全列為第一要務。如果客戶的帳戶號碼、信用卡或帳戶餘額等資訊被公諸於世，會對他們的生意造成極大損害。醫院或診所等醫療單位也很重視資訊安全，因為他們有責任保密病人的醫療資訊。大學及學校也必須思量資訊安全，因為學生的考試分數和成績等私人資訊，絕對不能被公開分享。

這些重要資訊全都以數位形式儲存在數千臺電腦和資料儲存裝置中。確保這些資料遠離「**駭客**」是非常重要的。駭客是嘗試（且時常成功）在未經授權下進入電腦系統的人。駭進電腦系統就像是撬開一扇門的鎖。

破解字彙

「駭客」（hacker）這個字中的「hack」首次出現在西元一二〇〇年左右，意思是「用不規則或隨機的方式重重劈下」。

如今，「hack」這個字最常被理解為侵入電腦系

統的意思。不過，這個字也常用來指替普通的問題尋找奇怪的解方，例如用髮夾防止耳機線纏在一起，以及用橡皮筋讓鞋帶不會鬆掉。

▌你能駭進銀行嗎？

你認為自己可以駭進銀行的電腦系統嗎？如果你成功了，或許能夠將百萬美元轉進你自己的個人銀行帳戶裡，變成大富翁！

或許你可以假裝成銀行總裁。聽起來是個合理的計畫，不是嗎？

但是你要怎麼計畫駭進銀行呢？

先假定你知道怎麼進入銀行的登入畫面。然後呢？

網頁告訴你要填入銀行總裁的使用者帳號和密碼。這兩個資訊是你沒有的。現在你要做什麼呢？用猜的？好，那就試試看。

好，想再試一次？來吧！

▌芝麻開門

到現在為止很顯而易見的，猜測銀行總裁的使用者名稱和帳號或許沒什麼用。你會耗上好幾年都無法成功。即使知道了使用者帳號，也不太可能猜對密碼。

那是因為絕大多數的公司都有一個政策，就是要求所有員工必須使用「強度很高的密碼」。堅持使用強度很高的密碼，可減少某人猜中密碼的機會。密碼是抵禦電腦被非授權入侵的第一道防線。密碼愈強，愈能保護電腦不被駭。

要猜出強度很高的密碼非常困難且耗時，但還有其他方法可以取得銀行總裁的密碼。例如：理論上來說，如果當銀行總裁輸入密碼時，你站得夠近並很仔細的觀察，就有可能得到密碼。

現在你可以拿到所有錢了，對吧？不對。

抱歉！只有密碼可能還不夠。

11. character 也有「角色」的意思。

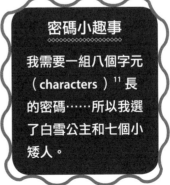

密碼小趣事

我需要一組八個字元（characters）[11] 長的密碼……所以我選了白雪公主和七個小矮人。

在解密之外

135

是的，沒錯，要產生一個強度很高的密碼很麻煩。將密碼設為「abc123」簡單多了，但那是個爛點子。你不會想要有人猜中你的弱密碼。

但與此同時，創造一個強密碼也沒那麼容易。如果有一個密碼很強，帶有很多隨機數字和符號，不包含字典裡真正的單字，它可能會非常難記。如果你無法記得自己的密碼，它又有什麼用呢？

有個絕妙的技巧可以幫助你記住很強的密碼。

想一個對你來說很獨特的句子，確定你能夠記得的句子。舉例來説：

我是南方谷學校的學生，我就讀六年級。（I go to South Valley School and I'm in the sixth grade!）

你記得住這句話吧？

現在，利用句子中每個單字的第一個字母，組成一個很強的密碼：

IgtSVSalit6g!

現在，很強的密碼誕生了！它看起來像一串隨機的大小寫字母，並塞進一個數字和符號，這可是很好的方法。只有你知道這個密碼跟你所選的句子有關。

也別忘了！絕對不要將你的密碼告訴任何人。那是隱私！

這是因為銀行電腦受到「**雙重認證**」（second factor authentication）的保護。

雙重認證是一種安全需求，你可以想成是使用者「所持之物」和「所知之事」的需求。「所知之事」就是你的密碼，你已經記住了。我們希望你是唯一知道這個密碼的人，但萬一你的密碼被猜中或遭竊，雙重認證就會提出「所持之物」的要求。

「所持之物」的常見例子很可能是手機。當你嘗試認證進入某個系統，你的手機可能會收到一封帶有一次性代碼的簡訊，作為進階的安全保護。為了進入這個系統，你必須同時擁有你的密碼（所知之事）和你的手機（所持之

物）收到的一次性代碼。有了這兩個因素，除了你之外的人要進入這個系統就很困難了。即使密碼被偷了，沒有你的手機，壞人也沒辦法做什麼。

銀行總裁登入重要系統時，很可能有類似的雙重認證。他們可能會帶著「**智慧卡**」（smartcard），作為雙重認證的因素之一。智慧卡的形狀大小就像一張信用卡，但卡片裡有一個很小的晶片，用來作為進階的安全保護。

當銀行總裁要進入很重要的電腦系統時，可能需要一臺連結電腦的小型智慧卡讀卡機，掃一下他們的智慧卡（所持之物），然後輸入一組密碼（所知之事）。電腦與智慧卡裡的晶片連線，確認卡不是偽造的，然後確認輸入的密碼。如果所有確認都沒問題，銀行總裁就被許可登入電腦。

即使你計畫用某種方法猜或偷走銀行總裁的密碼，你大概也無法擁有那張智慧卡。沒有雙重認證，就沒有

> **駭客來襲！**
>
> 二〇一二年，敘利亞總統巴沙爾・阿塞德的電子郵件帳戶密碼被揭露為 12345，之後就被駭客入侵了。大概沒有人告訴過他，要用安全強度高的密碼吧！

機會通過電腦的安全系統。

▋頭、肩膀、膝腳趾

　　智慧卡是雙重認證中第二個因素的其中一例，但還有很多其他類型。其中一種是「**生物辨識**」（biometric）。生物辨識將「所持之物」的理論進階到「所具之形」的概念。

　　生物辨識可使用「**身體特徵**」（physical characteristic），像是你的臉、指紋、眼睛、靜脈，或是「**行為特徵**」（behavioral characteristic），像是你的聲音、筆跡、鍵盤敲擊節奏，作為認證的第二個因素。不同於智慧卡，使用生物辨識作為認證因素有很多優點。生物辨識不像智慧卡，不可能遺失或忘記。你沒辦法弄丟自己的指紋，或忘記帶指紋出門。生物辨識也很難被複製。你要怎樣複製某個人的眼球呢？因此，很多人認為生物辨識安全系統更安全、更方便，也更強大。這是現在實際在使用的技術，也是防止壞人駭進電腦的技術。虹膜掃描跟指紋一樣，是仰賴身體特徵進行生物辨識的例子，這些都是身體上獨一無二的特徵。不過，有些生物辨識系統是用行為特徵來辨識

一個人的獨特性。

人類具有習慣性。你穿褲子的時候，通常先穿右腳嗎？你會避開人行道上的裂痕嗎？你喜歡將蔬菜放在餐盤的右邊，將飯放在左邊嗎？你一定會在睡前關好衣櫃的門嗎？這些都是可以定義你的獨特習慣。生物辨識系統透過人類的習慣來識別不同的人。

在行為系統中，筆跡是用來辨認特定人物的好方法。乍看之下，用筆跡來辨認似乎不是個好主意。你可能認為簽名很容易偽造。但是優秀的筆跡生物辨識系統不只是觀察你寫的每個字的形狀。它們還分析寫字的行為。檢測你所用的力道、寫字的速度和韻律。它們也會記錄你寫字的順序，像是橫豎的先後，或筆畫是從左寫到右還是從右寫到左。不像簡單形狀的字，這些特徵非常難仿冒。即使有人拿了你的簽名影本並仿冒，系統多半也不會接受。

生物辨識是個發展中的領域，在這幾年持續進化。網

路安全專業人員很喜歡爭論哪個系統最好，像是指紋、虹膜掃描、筆跡分析或其他數不盡的可能方法。所有生物辨識方法都有利有弊，很難說哪一個最好。在某個系統中可能是最佳選項，但未必是所有系統中的最佳選項。

然而，有件事是確定的，靠使用者帳號和密碼來保護重要技術系統是不夠的。未來將仰賴生物辨識技術和雙重認證系統。最終，透過生物辨識認證，使用者帳密不只可能消失，而是八成會整個消失。這代表你不需要記得所有不同的密碼了。聽起來是不是很棒呢？

指紋的漏洞

指紋一直是辨認身分很重要的工具。事實上，美國政府擁有超過一百萬個指紋檔案！不過，如今絕大多數的網路安全專家都同意，指紋在辨認身分上，並不是非常可信的方法。這就是為什麼即使指紋認證比單純的密碼來得強，科學家和工程師仍為了證明某人

聲稱的身分，持續尋找更好的方法。但是，指紋不是獨一無二且永遠不會改變的嗎？這沒有使它值得信賴嗎？

是沒錯。你的指紋永遠不會改變，而且被視為獨一無二。沒有人擁有一樣的指紋。即使是同卵雙胞胎，指紋也不一樣。

為什麼指紋在生物辨識安全上不好用呢？因為指紋會消失。

有些工人，例如每天都要使用雙手的砌磚師傅，會因整天處理粗糙材料和重型設備而磨平指紋。文書人員會因為處理紙張而消磨掉指紋的脊。所以當你問自己長大後想要做什麼的時候，想想這些問題吧！你有多麼重視你的指紋呢？

　　大部分的人都知道指紋是獨一無二的，這就是為什麼大家用指紋來協助認證某人的身分。但是眼紋比指紋還獨一無二，而且某種程度來說更好用。眼睛的形狀從來不會隨著年齡而改變，眼紋也永遠不像指紋一樣有可能會消失，而且眼睛比手指更難有傷口。

　　你可能會覺得眼紋只是科幻電影裡的某個東西，並不是真的。但眼紋真實存在，如今也應用在生物辨識雙重認證上。

　　最常見的眼紋種類是虹膜掃描。虹膜是眼睛裡有顏色的部分，虹膜掃描運用了虹膜獨一無二的特徵，來證明某人的身分。每個人的虹膜大約有二百四十個獨特的點，大概比指紋系統還多了五倍！你可能永遠不會明白你的眼睛有多麼獨特！

　　是什麼讓虹膜如此獨一無二呢？每個人在出生前，虹膜就會發育成隨機的圖案。事實上，兩個虹膜要一模一樣的機會估計是 10^{78} 分之一。根據紀錄，這個分母可是個天文數字，1 的後面有 78 個 0！即使是同卵雙胞胎，也不會有一樣的虹膜圖案。而且請記得，

在解密之外

143

大部分的人都同時擁有一對虹膜，而不是只有一個，因此眼睛在認證系統中具有更高的安全強度。

　　如果你擔心虹膜掃描時的雷射會傷害你的眼睛，實在是沒什麼好擔心的。虹膜掃描是在燈光下拍下你眼睛的照片。使用的光線不會比在晴天戶外下所照射的光線還要強。

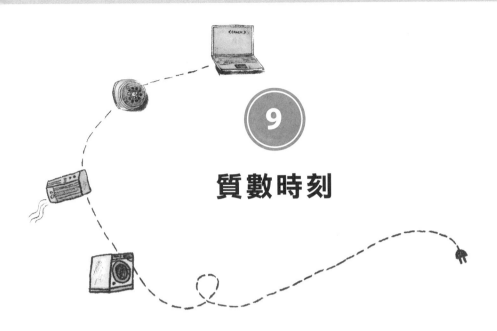

9

質數時刻

數學驗算

　　如今，密碼學不再用紙筆操作，而是使用強大的電腦。現在的加密非常強，不只不可能用暴力破解，甚至用極強大的電腦夜以繼日的執行數個月也解不開。這是件好事，尤其因為近年來有非常多商業活動和通訊使用數位化處理。如果少了強大的加密，我們就不能買網拍、聽線上串流音樂、在 YouTube 上看好笑的影片，或甚至得擔心寄電子郵件時，隱私資訊

〈破解〉

會不會落入壞人手中。

這些安全性要是少了某種特殊數字的幫助，就都不復存在，那就是「**質數**」（prime number）。

你在學校有學過質數，對吧？一定有！但我敢打賭，你從來不知道質數是現代密碼學世界的骨幹！

5÷1=5　☑

5÷2=2.5　☒　有餘數！

5÷3=1.67　☒　有餘數！

5÷4=1.25　☒　有餘數！

5÷5=1　☑

5是質數，因為它只能被它自己（5）和數字1整除。

提醒你，如果一個數字是質數，代表能將它整除的整數只有它自己和1。舉例來說，5是質數。除了5和1之外，沒有其他兩個整數相乘後可以得到5。

另一種說法是，5的「**因數**」（factor）只有5和1。

確認一個小的數字是質數並不是很難，好比 5。你只需要用所有比它小的整數來除除看。如果每次算出來都有餘數，那麼你的原始數字就是質數。

有跟上嗎？

很好。

檢驗一個小的數字是不是質數很簡單。不過如你所見，檢驗比較大的質數就困難了，需要做更多計算。以下是證明 17 為質數的計算過程，請留意這次需要的計算增加了多少。而 17 其實不算是很大的數字。

17÷1=17 ✓

17÷2=8.5 ✗ 有餘數！

17÷3=5.67 ✗ 有餘數！

17÷4=4.25 ✗ 有餘數！

17÷5=3.4 ✗ 有餘數！

17÷6=2.83 ✗ 有餘數！

17÷7=2.43 ✗ 有餘數！

17÷8=2.13 ✗ 有餘數！

17÷9=1.89 ✗ 有餘數！

17÷10=1.7 ✗ 有餘數！

17÷11=1.55 ✗ 有餘數！

17÷12=1.42 ✗ 有餘數！

17÷13=1.31 ✗ 有餘數！

17÷14=1.21 ✗ 有餘數！

17÷15=1.13 ✗ 有餘數！

17÷16=1.06 ✗ 有餘數！

17÷17=1 ✓

17 是質數，因為它只能被它自己（17）和 1 整除。但真的得做很多計算！

你可以想像，當質數愈來愈大，證明質數所需的計算能力就得愈來愈高。不過，你很快就會知道，非常大的質數在密碼學上極有價值。愈大愈好。

為了證明這個說法，我們需要選兩個質數。11 和 19 如何呢？（你不相信這些數是質數嗎？那就自己證明看看吧！）現在將這兩個質數相乘。

11×19=?

（不確定答案？用計算機也可以。）

算出答案了嗎？

11×19=209

11 和 19 的乘積是 209。

這樣算很容易。

現在，假設你不知道原本的兩個數字是什麼。知道的只有乘積是 209，而你必須找出是哪兩個數字相乘得到這

個數字。

? × ? =209

這樣就不容易了。你大概會花非常長的時間來找出209 的因數。

結果告訴我們，如果你已知的是乘積，要找出質因數其實非常困難。而且你原先相乘時使用的質數愈大，倒推的計算就會愈困難。讓我們來看看另一個例子。假如我告訴你 178,667 是兩個質數的乘積，你可以告訴我是哪兩個質數嗎？

? × ? =178,667

無可避免的，你有一大堆計算要做。你可能要花好幾個小時找出答案。甚至是好幾天！

相乘的兩個質數是：

373×479=178,667

用計算機算出這個等式，你可能只要花四秒。

在電腦上也完全一樣。用電腦計算 373×479 超級

快。但要求電腦找出 178,667 的質因數，就會耗費一些時間。

質數新突破

　　二〇一六年一月，數學界有一個劃時代的發現：發現了新的質數！

　　這個新數字是在一臺大學電腦的幫助下發現的，這臺電腦馬不停蹄的執行了三十一天，驗證了這個數字真的只能被 1 和它自己整除。

　　這個質數是有史以來最大的質數，由 22,338,618 個位數構成，比上一個紀錄還要多了將近五百萬個位數。如果我們把這個質數印出來，需要至少五千張紙！

　　這個特別的質數是由美國密蘇里大學的教授所確認。這位教授得到了三千美元的獎金作為獎勵。

▌公開、私密、受保護

你現在會問，這些數學與密碼學到底有什麼關係？我很高興你問了！

我們需要借助鮑伯與愛麗絲來解釋。

愛麗絲想要透過網路傳送私人訊息給鮑伯，但她擔心伊芙會在線上偷聽。伊芙是不會放棄八卦的！

愛麗絲傳了一個很強的密鑰給鮑伯，讓他可以用來加密給她的訊息。她用兩個質數的乘積作為密鑰。例如：

373×479=178,667 ← 這是愛麗絲製作的密鑰。

愛麗絲傳送給鮑伯的這個密鑰稱為「**公開金鑰**」

（public key）。愛麗絲並不在意伊芙攔截公開金鑰。這是公開的！每個人都可以擁有它。

鮑伯用這個公開金鑰加密給愛麗絲的訊息。你可以想像成：鮑伯寫了一則訊息給愛麗絲，並將訊息放在盒子裡。然後用愛麗絲給他的公開金鑰（在這個例子中是178,667）鎖上這個盒子。

現在，鮑伯將訊息傳給愛麗絲，而訊息安然無恙的以公開金鑰加密放在盒子中。

噢，不！那個鬼祟的伊芙在線上偷窺。萬一她搶走了訊息怎麼辦？

真的沒什麼好擔心的，因為只有愛麗絲擁有可以解鎖訊息的密鑰。這個密鑰稱為「**私密金鑰**」（private key）。愛麗絲好好的保護著私密金鑰。這個私密金鑰是愛麗絲創造公開金鑰時，用來相乘的最初兩個質數所構成。

哪兩個質數相乘會得到 178,667 ？只有愛麗絲知道答案是 373 和 479 ！

伊芙沒有愛麗絲的兩個質數，也就是私密金鑰，所以即使伊芙想盡辦法取得了上鎖的箱子，也無法打開它。

這個使用公開和私密金鑰的系統叫作「**公開金鑰架**

構」（public key infrastructure），簡稱 PKI。PKI 是現在網際網路通訊時最常用的加密系統。PKI 使用的公開和私密金鑰並不是真的鑰匙，而是電腦儲存的龐大數字。還有製造這些密鑰的質數，並不像我們舉例中愛麗絲使用的質數那麼小。它們是巨大的質數，有成千上萬個位數。PKI 系統所使用的每個質數都很長，就算用這本書的一整頁，甚至用超小字級也塞不下！

　　使用的質數愈大，加密的安全性愈高。這就是為什麼數學家和密碼學家總是在尋找更大的質數。你可能很驚訝大家仍然在尋找質數，但這千真萬確。因為數字可以趨近無限大，所以會有無限多的質數。我們永遠沒辦法知道所有的質數。最大的質數仍等著被發現！

　　當一個新的質數被找到，我們可以將這個數應用在密碼學系統中，讓加密法變得更難破解。新發現的質數將會愈來愈大，代表密碼學系統將愈來愈強。這對駭客來說可是個壞消息。

違法的質數

　　每個偷東西或入侵的人，都是在做違法的事。如果你做了違法的事，就代表你觸犯了法律，可能會被送進監獄。

　　但是，大多數的人並不知道擁有一個很大的數字是違法的。你沒看錯。一個違法的數字。如果你擁有這個數字，就可能被逮捕並送進監獄。

　　這個違法的數字是什麼呢？我已經告訴過你，光是談論這個數字就可能讓你惹上很大的麻煩。最好是連想到這個數字都不要想。

　　但是，你一定非常想知道為什麼這個數字是違法的。這部分倒是還可以聊聊。

　　不久之前，如果想看電影，必須買或租 DVD。你沒辦法隨心所欲的用網飛（Netflix）平台串流看電影。你必須有一片 DVD 實體光碟，並用光碟機播放。

　　嗯，電影公司真的很想要你買 DVD。畢竟這是他們賺錢的方式。但駭客破解了 DVD 軟體上的加密法，找到了方法來複製 DVD。因為他們發現了用來加密 DVD 數位保護的質數。

如果駭客能夠複製 DVD，他們就能為所有朋友製作複製品，或甚至販賣。這叫作「**盜版**」（piracy）。盜版是違法複製或散布有版權的媒體，這會為你帶來很多麻煩。電影公司告上法院，於是通過了一條法案，那就是擁有這個可以解鎖 DVD 加密法的神奇質數是違法的。

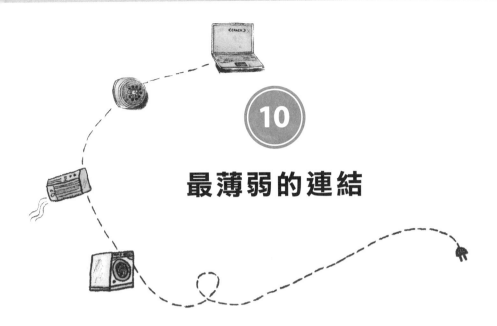

10

最薄弱的連結

▌真誠的誆騙

即使運用所有的安全系統來保護資訊安全，被駭事件仍每天都在發生。有時這些駭客對電腦系統和破解方法了解甚少，取而代之的，他們靠的是電腦系統中最薄弱的連結：人類。駭客要如何越過坐在鍵盤後的人，取得那些不讓他們看見的資料呢？他們所要做的事，就是提問。

對一個典型的駭客來說，耗費數個月嘗試破解一組密碼或突破以生物辨識系統上鎖的筆電，實在太令人頭疼了。大部分的駭客都想要快速簡單的完成工作，而且不被抓到，因此他們會嘗試尋找最容易進入電腦系統的途徑。

現在的數位世界中，最容易進入電腦的方式不是對電腦做什麼，而是成為一位具有說服力的人。

「社交工程」（social engineering）是現在駭入系統最常用的方法。社交工程是駭客誆騙目標，提供他們登入某臺電腦的方法。

想像一名銀行搶匪想要進入某間銀行偷錢。如果這個搶匪看起來像竊賊，身穿黑色上衣、戴面具，戴著寫了「小偷」字樣的帽子，他們就很容易吸引銀行保全的注意。保全可能會阻止他們進入銀行，並馬上報警。

現在，假如同個搶匪接近銀行時，身穿花俏西裝，手拿正式的公事包，看起來就像個商人，又會如何呢？保全或許會為搶匪打開大門，道早安，讓他們進來。

搶匪只是在他們走進銀行前門時運用了社交工程。搶銀行計畫的第一步驟奏效了。

當然，利用社交工程來破解機密訊息的程序複雜得多，但運用的概念是一樣的。駭客的目標是欺騙目標人物，獲得他們的信任。

▍討厭的詭計

自從愛麗絲和鮑伯開始加密訊息，製造難以破解的密碼，伊芙就一直很沮喪。她可以繼續試著破解愛麗絲和鮑伯的密碼，但她似乎永遠不會成功，因為透過一些厲害的刺探，伊芙發現破解愛麗絲和鮑伯密碼的密鑰每天都會更換。

伊芙明白自己如果不知道今天的密鑰，就幾乎沒有破解密碼的機會，因此對不會懷疑自己的朋友進行社交工程，是她唯一的希望。

在制定完計畫的第一階段後，伊芙走向愛麗絲，並對她說：「你知道有數學考試吧？卡蘿老師上週有告訴我們，要我們準備。」

「噢⋯⋯嗯⋯⋯是啊。對。數學考試。」愛麗絲抱起她的書，用力關上置物櫃。「我必須走了，伊芙。再見。」

愛麗絲匆匆往圖書館的方向走去。

當然沒有所謂的數學考試。伊芙只是為了支開愛麗絲，所以耍了她。伊芙知道，轉移愛麗絲的注意力，會讓

她忘記將今天的密鑰塞到鮑伯的置物櫃裡。

現在伊芙準備好進行計畫的第二階段。她拿出一張紙，上面寫著：

凱撒移位＋1

她將這張紙塞進鮑伯的置物櫃中。現在鮑伯有了當天的新密鑰，而且他相信那是愛麗絲給的。他不知道這個密鑰是來自伊芙，而不是他最好的朋友。為什麼他會毫不懷疑呢？鮑伯和愛麗絲完全被伊芙用社交工程擺了一道。

之後，伊芙計畫截取鮑伯要給愛麗絲的加密訊息。當然，鮑伯以為他是使用只有他和愛麗絲才知道的密鑰。但愛麗絲或許仍在圖書館準備根本不存在的數學考試！

以下是伊芙攔截的訊息：

Xbudi pvu gps Fwf! Tif jt vq up tpnfuijoh!

你可以用伊芙提供的密鑰解開這則密碼嗎？

理所當然的，伊芙用她所提供的密鑰，很快就能

解開訊息。

別跟自己過不去了，愛麗絲和鮑伯！大部分的人都會落入這樣的詐騙陷阱。事實上，社交工程是駭客得以滲入保全系統最常用的方法。

▍有點不太舒服

駭客使用社交工程來侵入電腦，最常用的方式之一就是透過電子郵件系統。例如在政府辦公室中，有一位員工收到了一封電子郵件，內容如下：

附件是你的超棒照片！

如果你收到像這樣的電子郵件，你會怎麼做？當然會打開它。畢竟那是張超棒的照片！

除了點開附件檔案，你的電腦其實還會執行一個程式。這個程式會用「**惡意軟體**」（malware）感染你的電腦。惡意軟體的英文 malware 是惡意（malicious）軟體（software）的縮寫，是設計來傷害電腦系統或從電腦系統偷取資訊的軟體。在惡意軟體中，某一種你可能聽過的就是**電腦病毒**。就像你因為感染病毒而生病一樣，當電腦

中毒了，它就會壞掉。而且病毒可以從一臺電腦散布給另一臺電腦。以人類來說，病毒會接管我們的免疫系統，讓我們感到不舒服。而發生在電腦時，病毒可以接管系統，執行預期外的事。有時候電腦病毒就只是一直干擾你。它可能會丟很多表情符號在螢幕上，或讓你無法使用鍵盤。其他時候，病毒可能非常有破壞性。有些病毒可以竊取你電腦中所有的個人資料，並傳送給駭客。駭客可以使用這些個資攻擊你。

病毒是壞東西，每天有許多的電腦中毒。有時候社交工程攻擊很高明，即使是最聰明的網路安全專家也可能中招！

二〇一五年，駭客利用社交工程駭入白宮。入侵的源頭是什麼呢？是一則黑猩猩跑來跑去，折磨著人類員工的愚蠢影片。駭客傳送了一封電子郵件，似乎來自可信任的政府電子郵件地址，其中夾帶黑猩猩影片為附件。打開附件，收件者收到的不只是一個好笑的影片，藏在附件檔案裡的是一種惡意軟體，叫作「**特洛伊木馬程式**」（Trojan horse）。特洛伊是一種看似無害但會執行危險運算的電腦程式，例如偷走你的密碼或其他隱私資訊。

一旦駭客破解了白宮系統的大門，他們就能用更複雜的駭客技術滲進更深的地方，直達政府網路安全專家努力隱藏的區域。一直過了好幾個月，才有人發現駭客入侵！好消息是，所有存放在白宮電腦中的重要資訊都有加密，因此駭客似乎不是非常了解內容。密碼學贏了！

無法突破的高牆：古希臘尷尬症？

　　在成功的社交工程攻擊中，最好的例子之一來自古希臘特洛伊城，也就是傳說中的特洛伊戰爭。

　　故事是這樣的。特洛伊城由一堵高牆保護著，希臘軍隊想盡辦法卻無法入侵。在牆的後面，特洛伊戰士一邊享受著安全堡壘，一邊向牆下的希臘軍隊放箭。

　　希臘軍隊在特洛伊屢戰屢敗了十四年，希臘將軍奧德賽終於想出一個點子。他要求他的軍隊假裝打包行李，因戰敗而返航。希臘軍隊在牆邊留下一個巨大的木馬作為禮物。這個禮物似乎是在告訴特洛伊軍隊：「我們輸了，你們贏了。這是你們的獎賞。」

最薄弱的連結

特洛伊人為了慶祝勝利，推動巨大的木馬穿過大門。他們完全不知道木馬裡藏著一小支希臘軍隊。當夜晚來臨，希臘軍人從藏匿地點爬出來，打開特洛伊城的大門，讓悄悄返回的其他希臘軍隊進來。

特洛伊很快就戰敗了。

受到特洛伊戰敗故事的啟發，「特洛伊木馬」代表了敵人受邀進入安全地帶的詭計。拐騙使用者同意執行的惡意軟體常被稱為特洛伊木馬。

當你上網鍵入網址時，網址的開頭幾乎都是 http://。

你有想過 HTTP 代表什麼意思嗎？它代表的是超文本傳輸協定（hypertext transfer protocol）。HTTP 是一臺電腦與另一臺電腦互換資訊的方式。

有時候網址的開頭是 https://。

多出來的那個 s 是什麼意思呢？

這個 s 代表「安全」。當你造訪一個網址開頭是 https:// 的網頁時，你會知道這個網站使用的是超文件傳輸協定安全，而不只是基本的超文件傳輸協定而是具有進階安全性。一般來說，要求你輸入個人資料的網站都是使用 HTTPS。

HTTPS 確保你在電腦上輸入的資料保持加密狀態，例如你的姓名、生日或信用卡資料。這樣一來，如果駭客在線上窺視，試圖在資料封包抵達目的地前攔截，他們仍無法破解密碼。只有預定的收件人可以解密你的個人資料。

線上購物網站就是個很好的例子。當你上網買東

西，需要提供一堆資料，像是名字、地址、信用卡號碼。你不會想讓這些資訊被陌生人知道吧？你真的想讓陌生人知道你剛剛在網路上訂購內衣（即使正在打折！）嗎？更重要的是，你不會想讓任何人得到你的信用卡資訊，對吧？因此線上商店會盡所有可能來保護你的所有個人資訊（甚至是內衣尺寸），這代表他們使用的是 HTTPS。

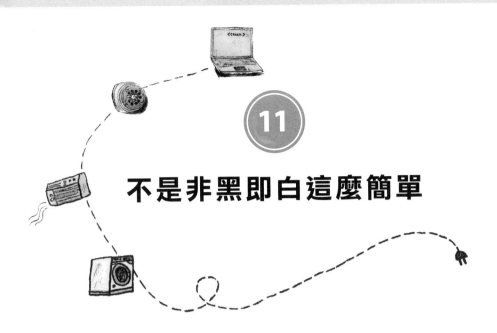

11

不是非黑即白這麼簡單

▌灰色地帶

現今駭客受到了責難。這或許是他們應得的。畢竟他們的任務是破解並入侵電腦系統，偷取資訊，對吧？

事實上並不總是如此。並不是所有駭客都是壞人。有些駭客其實是好人。

這是真的！有一群駭客叫作「**白帽**」（white hat），他們是正派的好人，只是在做他們的工作。

白帽有時被稱為「**道德駭客**」（ethical hacker）。他們的工作是駭進電腦系統，找出可能的漏洞，也就是可以用來駭進系統的缺口。他們一旦發現這些漏洞，就

會將這個資訊分享給電腦使用者，讓這些可能被壞人入侵的漏洞填補起來。壞駭客則常被稱為「**黑帽**」（black hat）。

由於技術進步得太快，白帽駭客一直非常忙碌。就像是編碼者和解密者之間的戰鬥，白帽與黑帽之間的戰爭也持續不斷，尤其現在新的應用程式和軟體正以非常快的速度開發出來。隨著黑帽駭進系統的能力愈來愈強，白帽必須隨時保持領先，輔導像是 Google、微軟、推特等公司，當然還有美國政府，在這個數位時代以更安全的方式處理業務。在這場比賽中，科技發展可不會放慢腳步，所以白帽駭客必須保持頂尖。

白帽駭客非常重要，因此美國有些大型公司想要鼓勵他們持續做這份重要的工作。二〇一〇年，Google 展開安全獎勵計畫，鼓勵白帽駭客尋找和回報那些黑帽駭客可

能可以用來未授權入侵的安全漏洞。Google 提供獎勵金來答謝白帽駭客。

Google 公布，他們在二〇一四年支付了超過一百五十萬美元，給超過兩百位參與此計畫的白帽駭客。

有好多漏洞要補！想像一下，這些網路戰士尋找和回報所有漏洞後，數位世界會比過往安全多少。

不過，在 Google 二〇一四年度的安全獎勵計畫中，最值得注意的結果是：除了兩百個回報的安全漏洞之外，最嚴重的漏洞是由一位十七歲的青少年喬治・霍茲發現的。霍茲賺取到當年最大筆的獎金，總共十五萬美元。不久之後，Google 雇用了這位青少年擔任零項目（Project Zero）部門的實習生，這個部門是由全職白帽駭客組成的優秀團隊。

這可是履歷表上很不錯的經歷呢！

對擔任白帽駭客有興趣嗎？你並不孤單。而且你知道嗎？不必是大人，也可以當一名道德駭客。

世界駭客大會是全世界最大型的駭客大會之一，每年在美國內華達州拉斯維加斯舉辦。駭客大會上有一個只為孩子舉辦的特別環節。兒童駭客大會是由羅茲庇護所（r00tz Asylum）贊助，讓孩子學習如何當個工匠（tinkerer）、專業解密者及白帽駭客。

他們的目標是教導並讓下一代的駭客變得更加厲害，而想傳達的理念是：「駭客能力給了你超能力，讓你可以穿越時空。你有責任用這些能力做好事，而且只做好事。」

想知道更多嗎？請查閱 r00tz.org。

▌關上後門

駭進某人的電腦系統竊取資料或散布惡意軟體，並不是個好主意。

但如果是政府想要駭進你的系統又如何呢？你會有什

麼感受？

　　如果你駭入別人的系統一定會惹上麻煩，那政府可以駭入你的系統嗎？

　　讓我們問問愛麗絲和鮑伯吧。

　　愛麗絲和鮑伯已經加密他們的訊息，確保煩人的伊芙無法解讀。為了加密這些訊息，愛麗絲和鮑伯使用只有他們自己知道的加密金鑰。伊芙竭盡所能也猜不到密鑰是什麼。她嘗試駭進他們的系統來破解密鑰，但沒有成功。

　　對伊芙來說真是太糟了。

　　現在想像一下，愛麗絲和鮑伯的老師卡蘿注意到，愛麗絲在課堂上傳了加密的祕密訊息給鮑伯。她攔截了訊息，但當她打算念出訊息時，卻發現訊息難以理解。她當然無法讀取！因為訊息被加密了。

　　卡蘿老師想知道訊息在說什麼。如果愛麗絲和鮑伯正在策劃什麼陰謀，要打斷她的課的話

該怎麼辦？

畢竟她是老師。難道她不該知道愛麗絲和鮑伯在搞什麼鬼嗎？

另一方面，愛麗絲和鮑伯難道不該保有隱私嗎？

這真的是很困難的問題。

這就是資安專家爭論多年的問題。每個人都有加密的權利嗎？即使是壞人也一樣嗎？假如壞人可以加密他們的訊息，執法單位如果有能輕易破解訊息的方法，藉此防止犯罪，這不是很方便嗎？為了做到這點，他們需要密鑰，但為了取得密鑰，他們必須駭進系統，而這可能會花很長的時間，也很可能無法達成。

如果執法單位擁有一個魔法密鑰，可以破解所有加密的東西，是不是很酷呢？如果卡蘿老師有個密鑰，可以破解她所有學生的加密紙條，是不是很棒呢？

在科技世界裡，這個魔法密鑰稱為「**後門**」（backdoor）。

為了幫助解釋後門的概念，你可以想像某一座小鎮的每個人都有一把獨一無二的前門鑰匙。你的鑰匙當然無法打開鄰居的前門，只能打開你家的前門。但這個小鎮跟典

型的社區有點不同。在這裡，警察有一把萬能鑰匙，可以打開每間房子的每扇後門。無論基於什麼理由，如果警察懷疑你做了不好的事，他們可以繞過你的前門，用萬用鑰匙從後門進入你家。

那正是科技世界中後門的運作方式——如果後門確實存在的話。你瞧，即使是 FBI 這類的執法機關，長期請求科技公司開後門，幫助他們繞過系統內建的安全系統，科技公司也非常不想提供這些後門。其中有幾個理由。對絕大多數的科技公司來說，他們很重視客戶的隱私。他們認為每個人都有隱私權，不該讓執法單位繞過前門，進入某人的系統。但是，為了講求公平，即使是壞人也該保有隱私嗎？對，在美國確實是這樣。你有聽過在證明一個人有罪之前，都要推定為無罪吧？這是美國刑事司法中最神聖的法則之一。

不過，科技公司之所以討厭後門的概念，還有另一個理由。如果警察有社區每間房子後門的魔法鑰匙，誰能保證不會有人偷走那把鑰匙？這樣他們就能輕易進入城鎮的每間房子了。

科技公司不是不想幫助警察。只是他們多數認為，如

果為系統建立了後門，沒有方法可以保證罪犯不會從後門駭進系統。愛麗絲和鮑伯的老師卡蘿，攔截了愛麗絲在課堂上傳給鮑伯的加密紙條。卡蘿老師想讀取訊息。她擔心愛麗絲和鮑伯圖謀不軌。世風日下啊！但她只是因為過去有些小孩會在課堂上做壞事（有一次，有個小孩將放屁墊放在她的椅子上，讓她很不高興），並不代表愛麗絲和鮑伯正在密謀什麼壞事。他們只是不想讓伊芙得知他們的祕密。就只是這樣而已。他們沒有要對卡蘿老師做什麼，即使她出了太多的回家作業。

但是卡蘿老師是個難搞的老師，她堅持擁有萬用密鑰來解開所有加密訊息，不管訊息是來自愛麗絲、鮑伯，還是班上任何一個人。

卡蘿老師要怎麼保證萬用密鑰不會被八卦伊芙搶走呢？

她沒辦法保證。

而這就是為什麼後門是有問題的。

至少直到今天，對執法單位如此方便的後門都還沒有出現。

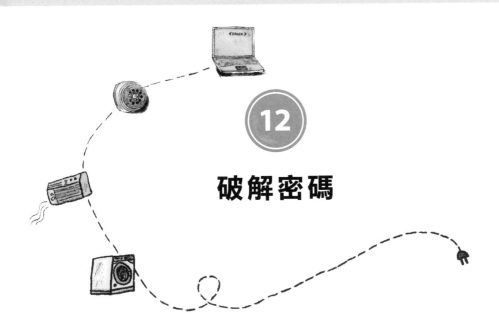

12

破解密碼

如果你注意過新聞，會發現似乎總是有新的被駭事件發生。駭客愈來愈聰明，他們能夠破解最複雜的代碼和安全協定。

那我們是不是死定了？

有哪一臺電腦是安全的嗎？

不過事實上，科技和網路世界正在成長，而不是萎縮。那些你不會立刻聯想到的設備，例如電視、冷氣機、洗衣機、汽車和冰箱，現在都透過網路互聯。基本上，任何有開關的東西都即將能夠連上網路，透過電腦來控制。這個將「物品」相連的巨大網絡叫作「**物聯網**」

（internet of things），簡稱 IoT。沒有什麼能阻止物聯網發展茁壯。

　　但是隨著網路成長，對網路安全專家來說，持續領先駭客就非常重要。這取決於傑出的網路安全戰士、編碼者、軟體開發者、工程師和密碼學家如何保護數位世界的安全。沒錯，科技改變了我們的生活方式，但也帶來了新的挑戰。伴隨著先進科技，我們需要先進的密碼學技術來保護資料隱私，還有先進的網路安全以遠離駭客。

　　不過，這些代碼和密碼到底有什麼用呢？在網路安全上肯定占了很大一部分的工作！何必這麼麻煩呢？

　　因為祕密很重要。

　　網路安全有一項任務：保護祕密。

　　祕密只有在保持機密狀態下，才是祕密。當祕密被揭露的那一刻起，就不再是祕密，而是資訊了——是從未打算被釋出的資訊。

　　你可以破解密碼嗎？

　　或許你可以。有件事是確定的：知道如何破解密碼是很重要的。不過，擁有這個知識帶來很大的力量，而有

了強大力量又會帶來重大責任。將來全世界的解密者可以決定要不要將這個能力用在好的事情上，並確保網路世界的安全。所以，帶著這個責任前進吧！電腦是個神奇的工具，幫你開啟了豐富資訊的大門。但你也可以整天看傻貓影片。無論你選擇用電腦做什麼，享受它，並聰明應對。

解 答

p.46 波利比奧斯密碼

your age（你的年紀）

p.58 豬圈密碼

SHADOW（影子）

p.77 書籍式加密

TOWEL（毛巾）

p.108 密碼盤

I do not trust Eve.

You should not trust her either.

Meet at library after school?

（我不相信伊芙。

你也不應該相信她。

放學後，圖書館見？）

p.160

Watch out for Eve! She is up to something!

小心伊芙！她正在背地裡做些什麼！

解碼科學好好玩

參考資料

1. 痛苦的星期一：破解曼哈頓陵墓上的不祥密碼

   http://www.atlasobscura.com/articles/morbid-monday-the-tomb-of-james-leeson

2. 你可以幫忙解開二戰超級機密密碼

   http://www.smithsonianmag.com/smart-news/you-can-help-decode-thousands-top-secret-civil-war-telegrams-180959561/?no-ist

3. 伏尼契手稿：有辦法閱讀此書嗎？

   http://www.telegraph.co.uk/news/science/science-news/8532458/The-Voynich-Manuscript-will-we-ever-be-able-to-read-this-book.html

4. google 去年付了超過 150 萬美元給發現漏洞的白帽駭客

   http://www.businessinsider.com/google-paid-white-hat-hackers-more-than-15-million-dollars-2015-1

5. 解碼冷戰

   http://huntingtonblogs.org/2016/06/decoding-the-civil-war/

6. 攝影機靠走路姿勢就可以認出你

   https://www.newscientist.com/article/mg21528835-600-cameras-know-you-by-your-walk/

7. google 打擊駭客的祕密團隊：零項目

   http://www.wired.com/2014/07/google-project-zero/

8. 指紋會消失嗎？

   http://www.scientificamerican.com/article/lose-your-fingerprints/

9. 關於圖靈你不知道的 8 件事

   http://www.pbs.org/newshour/updates/8-things-didnt-know-alan-turing/

10. 口說密碼者

    http://www.archives.gov/publications/prologue/2001/winter/navajo-code-talkers.html

11. 密碼戰爭

http://opinionator.blogs.nytimes.com/2013/03/14/the-codes-of-war/

12. 世界上最有名及最具影響力的白帽駭客

http://www.makeuseof.com/tag/5-worlds-famous-influential-white-hat-hackers/

13. 難解密碼的藝術家：解密者仍然彈奏著作曲家愛德華‧埃爾加的作品

http://nautil.us/issue/6/secret-codes/the-artist-of-the-unbreakable-code

14. 革命性的工具如何破解十七世紀的密碼

http://www.nytimes.com/2011/10/25/science/25code.html?_r=3

15. 擁有或散布這個數字是犯法的

http://gizmodo.com/its-illegal-to-possess-or-distribute-this-huge-number-1774473790

16. 關於共濟會你不知道的 9 件事

http://www.cbsnews.com/news/9-things-you-didnt-know-about-freemasonry

17. 解碼女孩：二戰中未被人所知的美國解碼女性的故事

（Mundy, Liza. *Code Girls: The Untold Story of the American Women Code Breakers of World War II.* New York: Hachette Books, 2017）

18. 幫助打敗納粹的女性解密者

https://www.politico.com/magazine/story/2017/10/10/the-secret-history-of-the-women-code-breakers-who-helped-defeat-the-nazis-215694

19. 國家美式足球聯盟中最大的罪：遺失碼簿

http://www.wsj.com/articles/SB10000872396390444358404577609862193305518

20. 公開遺留在傳訊鴿腳上的戰時密碼，請大眾幫忙解密

http://www.dailymail.co.uk/news/article-2237394/Skeleton-hero-World-War-II-carrier-pigeon-chimney-secret-coded-message-attached-leg.html

21. 伏尼契手稿：沒人看得懂的書

http://www.csicop.org/si/show/the_voynich_manuscript_the_book_nobody_can_read

22. 中央情報局後院頑固密碼的線索

http://www.nytimes.com/2010/11/21/us/21code.html

23. 破解兩百年歷史的密碼，發現藏在其中的祕密社團

http://www.wired.com/2012/11/ff-the-manuscript/

24. 密碼書：從製作到破解（Singh, Simon. *The Code Book: How to Make It, Break It, Hack It, Crack It*. New York: Delacorte Press, 2001）

25. 密碼書：古埃及密碼到量子密碼的保密科學（Singh, Simon. *The Code Book: The Science of Secrecy from Ancient Egypt to Quantum Cryptography*. New York: Anchor Books, 2000）

26. 研究員説，常見惡意軟體進入白宮與安森保險系統

http://www.nextgov.com/cybersecurity/2015/08/common-malware-jimmied-open-white-house-and-anthem-systems-say-researchers/119085/?oref=ng-HPtopstory.

27. 給傻瓜的破解密碼與代碼指南（Sutherland, Denise, and Mark Koltko-Rivera. *Cracking Codes and Cryptograms for Dummies*. Hoboken, NJ: Wiley, 2010）

28. 圖靈的哥哥：「他應該可以活到現在」

https://www.thedailybeast.com/alan-turings-brother-he-should-be-alive-today

29. 發現最新的質數

http://time.com/4187491/new-prime-number/

30. 隱形密碼學家：非裔美國人，從二戰到 1956 年（Williams, Jeannette, and Yolande Dickerson. *The Invisible Cryptologist: African-Americans, World War II to 1956*. Ft. George G. Meade, MD: National Security Agency, Center for Cryptologic History, 2001）

31. 密碼製造者：納瓦荷口傳密碼的歷史

http://www.historynet.com/world-war-ii-navajo-code-talkers.htm

32. 駭客簡史

http://www.newyorker.com/tech/elements/a-short-history-of-hack

33. 中央情報局神祕雕塑「克里普托斯」最新解密線索

http://www.wired.com/2014/11/second-kryptos-clue/

34. 駭客辭典：後門是什麼？

http://www.wired.com/2014/12/hacker-lexicon-backdoor/

35. 給「克里普托斯」創作者的疑問

http://archive.wired.com/techbiz/media/news/2005/01/66333?currentPage=all

致謝

　　有人說，寫書是個孤獨的活動。這是騙人的！有好多好多人幫助我讓這本書成真，我永遠感激。

　　大大感謝我的經紀人克蕾莉亞・高爾以及馬丁文學管理公司團隊。在紐約的某個下雨天，我與高爾相約喝咖啡，談談我瘋狂的寫書想法，從那刻起，高爾就是我的支持者。我很高興我的先生說服我與你見面。那天我不只得到全世界最好的經紀人，也得到了一個好朋友。

　　謝謝布魯姆斯伯里出版社團隊信任這本書。超級感謝我的編輯蘇珊・多比尼克。寫作期間有你的指導和支持，讓這本書閃閃發光。謝謝莉莉・威廉斯，你設法創造了如此適合的英文版封面，這本書就該長這樣，而我一直怯於想像。謝謝凱特・翁德相信我。

　　感謝森波恩同意跟我談談「克里普托斯」。當我為了這本書聯繫森波恩要求見面時，我保證我不會要求任何「克里普托斯」的線索。我保守承諾，沒有「直接」問任

解碼科學好好玩

何線索。我知道與森波恩的對話，有著重大的意義，許多解密者會想從他所說的一字一句中，找尋任何與解密有關的暗示。或許細心的解密者會從第七章分享的資訊中蒐集到一、兩個點子。如果有讀者在讀完本書後，解開了「克里普托斯」的謎團，那就太好了。

謝謝美國國土安全部長麥可‧切爾托夫與我見面，針對美國政府處理不斷演進的網路安全挑戰，提供了他的見解。在政府單位中，很少人了解美國國家系統正面臨的挑戰，切爾托夫部長是其中之一。在二〇〇一年的九一一攻擊後不久，美國成立了國土安全部，而切爾托夫擔任部長時形塑了這個部門的走向。我深深感謝他的觀點，並對他相信政府正嚴肅看待網路安全這一點感到安慰。

給我的 Kidliterati 和 MGBetaReader 家族：網路上沒有更好的作家團隊了。我永遠感激我們一起在寫作的路上。保羅‧亞當斯、貝琪‧阿普比、羅尼‧阿諾、喬‧瑪麗‧班克斯頓、朗達‧貝特費爾德、布魯克斯‧班傑明、傑夫‧陳、梅蘭尼‧康克林、艾比‧庫柏、唐納‧愛德、潔西卡‧弗雷克、凱倫‧李‧哈倫、科爾頓‧希布斯、蘿莉‧利特溫、詹‧馬隆、蓋爾‧內爾、克里斯‧布蘭登‧

威特科爾，如果沒有你們和伏特加，這本書不可能誕生。特別感謝史瓦普‧珍‧吉亞蒂娜和布萊恩‧沙吉安。珍妮佛‧格雷森是最棒的啦啦隊長，超愛你的。謝謝梅琳達‧柯德爾當我的第一位試讀者。

謝謝我在軟體公司恩創斯特和賽安那肯的同事，是你們領我進入網路安全戰士的大門。我很享受這份做了二十年的工作，它始終具豐富性、挑戰性與啟發性。第九章是獻給你們的。我認為艾瑪會感到很驕傲。特別感謝彼得‧貝洛和伊薩多‧舍恩的支持與指教。

我的家人，你們是這一切存在的原因。謝謝我的雙親移民到這個國家，將一分一毫全供給他們的女兒讀書。在那個時代，一個小女生能夠追求數學和科學的興趣，並不常見。但我的爸媽犧牲了每一天，確保我有機會獲得最好的教育。謝謝我的兒子哈里森、薩米和納特，這本書是寫給你們的。書中的故事是我想讓你們讀的，裡面的課程是想讓你們學的。你們是每個字句的靈感來源。儘管問問題，我會努力為你們尋找答案。

謝謝傑夫，沒有你就不會有這趟瘋狂的寫作之旅。你讓我堅持寫完了這本書。你完完全全知道什麼時候我需要

咖啡因或剛出爐的烤餅乾來保持清醒。你打理家務，給了我需要的時間趕上交稿期限。當我的信心動搖時，你給了我鼓勵、支持與愛，讓我的靈魂強壯。這本書是獻給你的。

知識館 16
解碼科學好好玩
改變歷史的密碼戰、加密科技、網路釣魚……結合歷史、數學、科技的
跨領域學習，養成邏輯推理能力，建立網路安全觀念
Can You Crack the Code?: A Fascinating History of Ciphers and Cryptography

作　　　者	艾拉・施瓦茨 (Ella Schwartz)
繪　　　者	莉莉・威廉斯 (Lily Williams)
譯　　　者	竹蜻蜓
封面・內頁設計	黃鳳君
主　　　編	汪郁潔
責 任 編 輯	蔡依帆
校　　　對	呂佳真

國 際 版 權　吳玲緯
行　　　銷　闕志勳 吳宇軒 余一霞
業　　　務　李再星 李振東 陳美燕
總 編 輯　巫維珍
編 輯 總 監　劉麗真
發 行 人　涂玉雲
出　　版　小麥田出版
　　　　　10483 台北市中山區民生東路二段 141 號 5 樓
　　　　　電話：(02)2500-7696
　　　　　傳真：(02)2500-1967
發　　行　英屬蓋曼群島商家庭傳媒股份有限公司
　　　　　城邦分公司
　　　　　10483 台北市中山區民生東路二段 141 號 11 樓
　　　　　網址：http://www.cite.com.tw
　　　　　客服專線：(02)2500-7718 ｜ 2500-7719
　　　　　24 小時傳真專線：(02)2500-1990 ｜ 2500-1991
　　　　　服務時間：週一至週五 09:30-12:00 ｜ 13:30-17:00
　　　　　劃撥帳號：19863813　　戶名：書虫股份有限公司
　　　　　讀者服務信箱：service@readingclub.com.tw
香港發行所　城邦（香港）出版集團有限公司
　　　　　香港灣仔駱克道 193 號東超商業中心 1/F
　　　　　電話：852-2508 6231
　　　　　傳真：852-2578 9337
馬新發行所　城邦（馬新）出版集團 Cite(M) Sdn. Bhd
　　　　　41-3, Jalan Radin Anum,
　　　　　Bandar Baru Sri Petaling,
　　　　　57000 Kuala Lumpur, Malaysia.
　　　　　電話：+6(03) 9056 3833
　　　　　傳真：+6(03) 9057 6622
　　　　　讀者服務信箱：services@cite.my
麥田部落格　http:// ryefield.pixnet.net
印　　刷　前進彩藝有限公司
初　　版　2021 年 7 月
初 版 二 刷　2023 年 8 月
售　　價　340 元

Text copyright © Ella Schwartz, 2019
Illustrations copyright © Lily Williams, 2019
This translation of Can You Crack the Code is published by Rye Field Publications, a division of Cite Publishing Ltd.
by arrangement with Bloomsbury Publishing Plc through Andrew Nurnberg Associates International Limited.
All rights reserved.

國家圖書館出版品預行編目資料

解碼科學好好玩 / 艾拉 . 施瓦茨 (Ella Schwartz) 作；莉莉 . 威廉斯 (Lily Williams) 繪；竹蜻蜓譯 . -- 初版 . -- 臺北市：小麥田出版：英屬蓋曼群島商家庭傳媒股份有限公司城邦分公司發行 , 2021.07
　面；　公分 . -- (小麥田知識館；16)
譯自：Can you crack the code? : a fascinating history of ciphers and cryptography.
ISBN 978-957-8544-81-9(平裝)

1. 密碼學 2. 通俗作品

448.761　　　　　　110006903

城邦讀書花園
www.cite.com.tw
書店網址：www.cite.com.tw